After Effects CS4影视特效实例教程

文字过光特效

飞舞文字特效

梦幻中的文字

粒子汇集文字特效

色彩校正——白平衡重置

国画情缘——山水情

瞬间变色的跑车

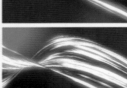

流光异彩光效

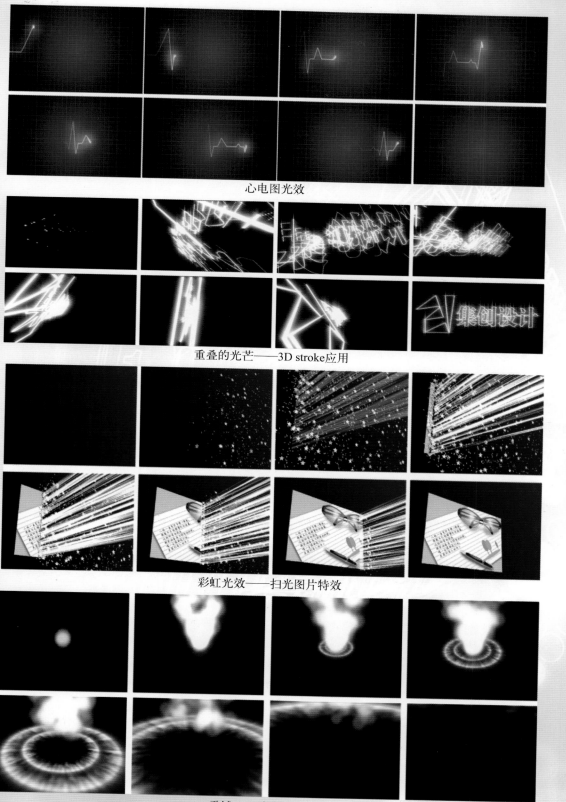

心电图光效

重叠的光芒——3D stroke应用

彩虹光效——扫光图片特效

震撼——冲击波光效

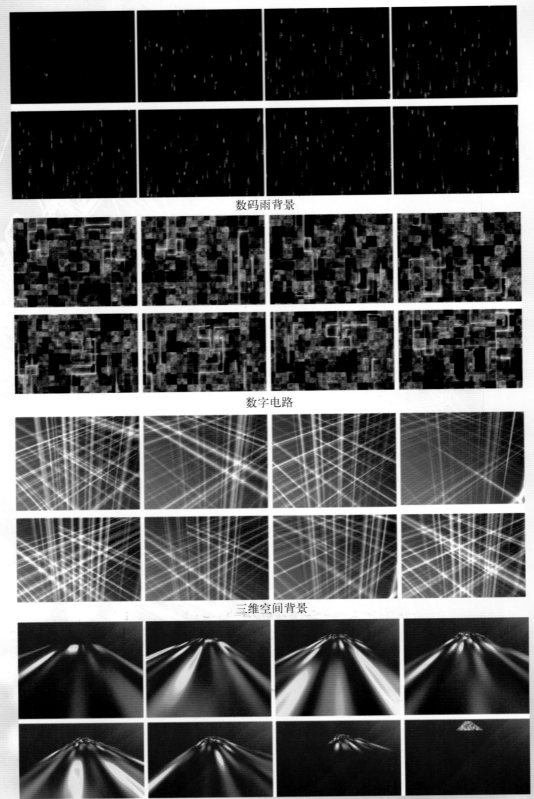

数码雨背景

数字电路

三维空间背景

散射的光芒

全国高等职业教育规划教材

After Effects CS4 影视特效实例教程

主　编　高　平

副主编　曾小兰

参　编　梁德强　李治东　等

机械工业出版社

本书以循序渐进的方式对 After Effects 进行系统而全面的讲解，将影视特效作品从易到难地拆分出来作为章节内容，安排了从基础知识到一步步的案例讲解。全书共分 6 章，包括漫游精彩的动态特效世界、After Effects CS4 文字特效技术、After Effects CS4 色彩特效应用、After Effects CS4 光效技术应用、After Effects CS4 绚丽背景特技和 After Effects CS4 综合应用技巧。本书讲解由浅入深，结构清晰，使读者能够轻松掌握 After Effects 影视特效制作技术。

本书适用于高等院校影视、动画等相关专业，同时也可作为影视后期制作培训班教材，或作为从事三维动画设计、影视广告设计和影视后期制作从业人员及爱好者的参考书。

图书在版编目（CIP）数据

After Effects CS4 影视特效实例教程 / 高平主编 . —北京：机械工业出版社，2010.1

（全国高等职业教育规划教材）

ISBN 978-7-111-28934-0

Ⅰ．A… Ⅱ．高… Ⅲ．图形软件，After Effects CS4—高等学校：技术学校—教材 Ⅳ．TP391.41

中国版本图书馆 CIP 数据核字（2010）第 006590 号

机械工业出版社（北京市百万庄大街 22 号 邮政编码 100037）

责任编辑：鹿　征

责任印制：李　妍

北京振兴源印务有限公司印刷

2010 年 1 月第 1 版 · 第 1 次印刷

184mm×260mm · 16.5 印张 · 2 插页 · 409 千字

0001—3500 册

标准书号：ISBN 978-7-111-28934-0
　　　　　ISBN 978-7-89451-402-8（光盘）

定价：35.00 元（含 1DVD）

前　言

Adobe After Effects 由著名的图形图像软件生产商 Adobe 公司开发推出，适用于从事设计和影视特效的机构，包括电视台、影视动画制作公司、个人后期制作工作室、多媒体艺术设计中心。近年来，大量的用户，包括网页设计师、图形设计师等也开始使用 After Effects。目前最新版本为 After Effects CS4（即 9.0），它在影像合成、动画、视觉特效、非线性编辑、设计动画样稿、多媒体和网页设计等方面都有广泛的应用。

本书由资深影视特效视觉设计师和专业教师共同编写，融合了作者多年的制作经验及教学经验，详细讲述了 After Effects 经典特效案例及后期处理技术等方面的内容，针对影视特效制作学习难点，通过逐步讲解的方式来启发读者。本书在编写上，充分考虑以下几点。

（1）注重教与学的结合

本书以作者多年教学与创作经验为基础，从影视特效基本理论、常用术语、基础技术开篇，书中案例结合影视特效常识，使读者在学习软件技术的同时，能够了解影视特效的设计程序与流程，掌握相关理论知识。每章都有明确的学习任务和详细的基础知识讲解，并在案例中展现。

（2）注重商业行情，内容全面

商业影视特效作品通常由文字特技、后期编辑、光效技术的应用、绚丽的动态背景共同组成，本书从商业案例的角度出发，将基础案例进行拆分讲解。书中将商业作品中常见元素作为基础案例，配以详细的文字阐述、清晰的步骤图，具有易懂、易学、易操作的特点。

（3）注重技术与艺术的结合

为了让读者先对每一章节有充分的了解，本书将学习要点提取出来，让读者能够明确本章能够学到什么技术。而在每一节的案例开始前，先从技术上进行分析，针对案例中的重点技术进行描述；接着从艺术的角度，讲述制作案例的步骤和流程，真正做到技术与艺术的完美结合。

（4）循序渐进、结构清晰

本书共分 6 章，内容包括：漫游精彩的动态特效世界、After Effects CS4 文字特效技术、After Effects CS4 色彩特效应用、After Effects CS4 光效技术应用、After Effects CS4 绚丽背景特技和 After Effects CS4 综合应用技巧。讲解由浅入深，结构清晰，使读者能够轻松掌握 After Effects 影视特效制作技术。

本书案例内容主要来自作者在教学与创作的经验所得，每个案例算不上是精品，但其中却包含大量长时间钻研出来的技术精华。本书由高平任主编，曾小兰任副主编，参加编写的还有李治东、梁德强、郭坤洲、温学伟、袁健飞、吴聪敏、曾海鹏。由于作者水平有限，书中难免有不足之处，恳请广大读者批评指正。

本书配有 1DVD，内容包含书中的所有案例素材和效果，以及部分视频教学课件，方便老师进行讲解和学生进行学习。

编　者

目　录

第1章 漫游精彩的动态特效世界

学习目标
- 了解 After Effects CS4 的发展历程
- 掌握 After Effects CS4 的基本操作
- 熟悉 After Effects CS4 的操作法则

1.1 关于 After Effects CS4

Adobe 公司成立于 1982 年，是世界著名的图形设计、出版、图像软件设计公司。其产品 After Effects（简称 AE）适用于从事设计和视频特技的机构，包括电视台、动画制作公司、个人后期制作工作室以及多媒体工作室。它和 Adobe 公司的其他系列软件一样（如 Premiere、Photoshop、Illustrator 等），属于同类型后期软件。新版本的 After Effects 带来了前所未有的卓越功能，包含了上百种特效及预置动画效果。它与主流 3D 软件可很好地结合，如 Softimage|XSI、Maya、Cinema4D、3ds max 等，并可与 Premiere、Photoshop、Illustrator 无缝结合。其最新版本为 After Effects CS4，也就是 After Effects 9.0，该版本目前已随 Adobe Creative Suit 4 Production Premium 及 Adobe Creative Suit 4 Master Collection 发布。

现在，许多第三方厂商也研发专供这项产品作为外挂（Plug-ins）之用的外挂程序，使得 After Effect 主程序功能更增添实用性与便利性。

Adobe After Effects 软件可以帮助用户高效且精确地创建无数种引人注目的动态图形和震撼人心的视觉效果。利用与其他 Adobe 软件的紧密集成和高度灵活的 2D 和 3D 合成，以及数百种预设的效果和动画，可以为用户的电影、视频、DVD 和 Macromedia Flash 作品增添令人耳目一新的效果。

【任务背景】在新兴的用户群，如网页设计师和图形设计师中，也开始有越来越多的人在使用 After Effects。它在影像合成、动画、视觉效果、非线性编辑、设计动画样稿、多媒体和网页动画方面都有其发挥余地。

【任务目标】初步认识 After Effects CS4。

【任务分析】了解什么是影视特效，以及 After Effects CS4 的配置要求和它的新功能。

1.1.1 任务1：什么是影视特效

随着时代和科技的发展，影视媒体已经成为应用最为广泛、影响最为深远的媒体之一。从铺天盖地的网络视频、电视广告到好莱坞电影大片，都深深地影响着人们的生活。过去，影视特效是专业人员的工作，对于普通人还有一层非常神秘的面纱，如《西游记》中的法术、武侠电影中飞崖走壁的轻功、电视节目片头动画（如图 1-1 和图 1-2 所示）等一切非摄像机能拍摄出来的效果,都属于影视特效。早期的影视特效一般都是在胶片上实现的,而现在数字影视特效则完全不同。

图 1-1 　《音乐电视》频道包装

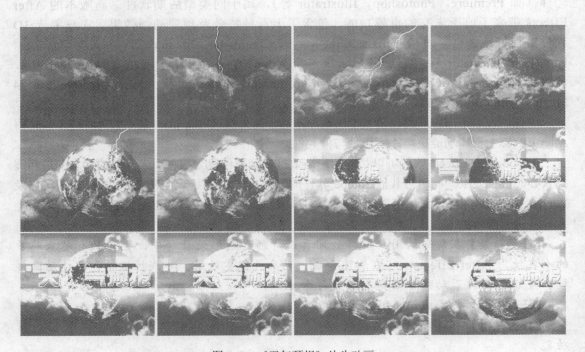

图 1-2 　《天气预报》片头动画

　　理论上影视艺术分为前期和后期,前期包括策划、拍摄等。前期工作结束后,可以得到大量的素材和半成品,而将这些素材及半成品进行合成、添加特效等艺术处理,以达到完美的视听效果,即是后期过程。事实上,人们几乎每天都可以在电视节目中看到特效效果,如最为常见的《新闻联播》,便是一个即时的特效合成。

1.1.2 任务 2：了解系统配置要求

1. Windows 系统要求

- 1.5GHz 或更快的处理器。
- Microsoft® Windows® XP（带有 Service Pack 2，推荐 Service Pack 3）或 Windows Vista® Home Premium、Business、Ultimate 或 Enterprise（带有 Service Pack 1，通过 32 位 Windows XP 以及 32 位和 64 位 Windows Vista 认证）。
- 2GB 内存。
- 1.3GB 可用硬盘空间，以用于安装；可选安装内容另外需要 2GB 空间。安装过程中需要额外的可用空间（无法安装在基于闪存的设备上）。
- 1280×900 像素屏幕，OpenGL 2.0 兼容图形卡。
- DVD-ROM 驱动器。
- 如使用 QuickTime 功能，则需要 QuickTime 7.4.5 软件。
- 在线服务需要宽带 Internet 连接。

2. Mac OS 系统要求

- 多核 Intel® 处理器。
- Mac OS X 10.4.11～10.5.4 版。
- 2GB 内存。
- 2.9GB 可用硬盘空间以用于安装；可选安装内容另外需要 2GB 空间。安装过程中需要额外的可用空间（无法安装在使用区分大小写的文件系统的卷或基于闪存的设备上）。
- 1280×900 像素屏幕，OpenGL 2.0 兼容图形卡。
- DVD-ROM 驱动器。
- 如使用 QuickTime 功能，则需要 QuickTime 7.4.5 软件。
- 在线服务需要宽带 Internet 连接。

1.1.3 任务 3：了解 After Effects CS4 新特性

1. 全新的向导画面

打开 After Effects CS4，首先进入的是全新的向导画面，包括"打开工程（Open Project）"、"新建工程（New Composition）"、"设计中心（Design Center）"等快捷操作按钮，如图 1-3 所示。

2. 新的界面

最新版的 AE 最明显的变化是其界面设计，相对于上一个版本 CS3 来说，其整体的色彩更暗一些，更加有利于观察特效效果；周边的圆角被减少了，使界面更加紧凑；被选中的图层质感效果更加明显，"Render Queue"面板在屏幕空间的分配更加合理。还有其他的调整，例如，图层和合成的标记都增加了持续时间功能（当鼠标停留在标记上一段时间时，相关的标记注释就会显示）；在"Project（项目）"面板底部新增的按钮让用户更加方便地打开嵌套合成，如图 1-4 所示。

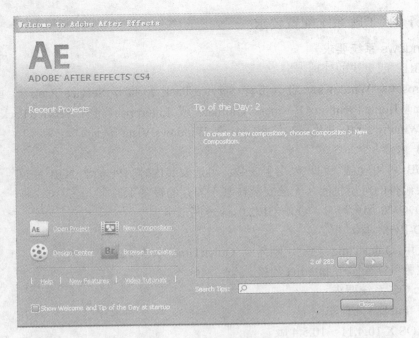

图 1-3　新向导画面

图 1-4　新的界面设计

3．快速搜索（Quick Search）

在"Project"和"Timeline（时间线）"面板新增添了类似于原来"Effects & Preset（特效和预置）"面板专用的快速搜索栏，能够通过名称、文件类型、时间长度、参数名、注释等进行搜索。这一功能对于大型工程来说，可以更加方便、快捷地找到需要编辑的对象。此外，在 AE 界面向导上的每日提示帮助也有这种快速搜索栏，如图 1-5 所示。

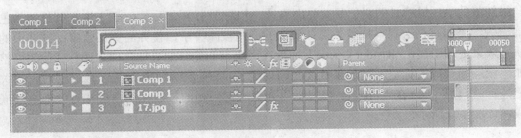

图 1-5　快速搜索

4．合成导航（Composition Navigator）

如果嵌套了多个合成项目，沿着"Composition（合成）"面板的顶部，可以看到一串合成的名字，包括当前选定的，以及指向当前合成的合成（即当前合成作为一个图层出现在另一个合成中），此时使用合成导航将会非常方便。

如果用户遇到一个非常复杂的、层次较多的工程，例如，"A 被 B 嵌套，而 B 又被 C 嵌套"，则单击一下 Composition Navigator 中当前合成名右边的箭头，或按住〈Shift〉键并单击合成名，系统弹出"Mini-Flowchart"工具。该工具详细地用图表显示了整串合成，如图 1-6 所示，有 3 个合成被一个"Master Compsite"的当前合成所嵌套了，它们被反向的箭头所连接，而最左边的则是 3 种输出方式的选择（SD、HD、WEB）。有了这样一个工具，就可以很容易地看清合成之间的复杂关系，而且还能在它们之间快速跳转。

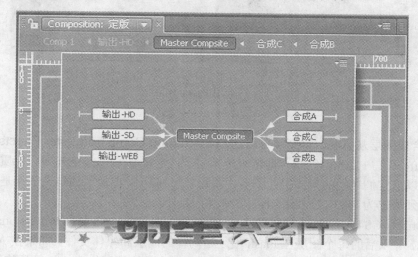

图 1-6　Composition Navigator

5．新增特效——卡通（Cartoon）

Cartoon 特效能对所应用的素材进行边缘的探测，并将轮廓描画出来，然后对轮廓包围的色块进行分色和色彩的平滑处理。它没有什么太多的参数，简单易用，如图 1-7 所示。

a)　　　　　　　　　b)　　　　　　　　　c)

图 1-7　Cartoon 特效

a) 原图　b) 填充效果　c) 描边效果

6. 双向模糊（Bilateral Blur）

Bilateral Blur 是非常智能化的模糊，它能将颜色区域中的皱褶弄平，同时还能保持边缘的锐度，因此它能替换以前用户所用的 Smart Blur 特效。如图 1-8 所示，左边是使用特效前的，右边则是使用特效后的效果。

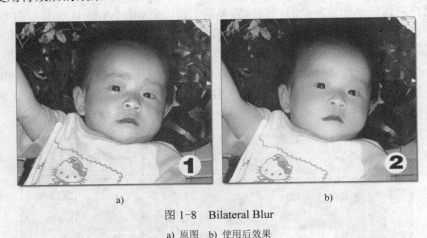

a)　　　　　　　　　　　　　　　b)

图 1-8　Bilateral Blur

a) 原图　b) 使用后效果

7. 将合成图层从 After Effects 导出到 Flash(Export Comp from After Effects to Flash)

After Effects 与 Flash 已经结合地越来越紧密了，尤其是在 Web 格式与广播质量之间的交集更多。而以前它们之间的集成得并不多，用户如果在 AE 中做了动画文字或是一些其他的效果，则必须导出为 SWF 文件，这样才能被 Flash 导入。

After Effects CS4 可以把一个合成以 XFL 格式导出，而 Flash CS4 Professional 可以作为工程打开它。导入后的每个图层在 Flash 里还是同样的图层和媒体文件。如果在 AE 中文件是 PNG、JEPG、FLV 格式的，那么在 Flash 里也是同样未压缩的同格式；如果是其他不被 Flash 识别的格式的图层，那么它们可以被渲染为 PNG 序列或 FLV 文件，但导出时要确保开启了 alpha 通道，如图 1-9 所示。

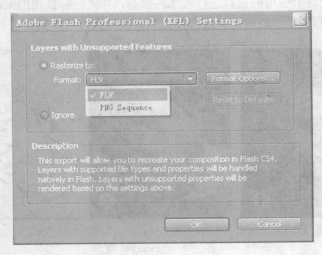

图 1-9　输出 FLV 文件

1.2 After Effects CS4 操作基础

"工欲善其事，必先利其器"。掌握 After Effects CS4 中的基本操作，是影视特效设计师们最基本的技能。本书虽然以案例教学为主，但对于方便快捷的操作，作者在本节中做了详细介绍。对初学者来说，可以先做一个初步的了解；而对于中高级用户，则可以更全面地掌握 After Effects CS4 的操作技巧。

【任务背景】使用 After Effects CS4 进行影视特效创作，首先要熟练操作软件。学习软件操作的初期要熟悉工作界面。

【任务目标】掌握 After Effects CS4 的操作方法。

【任务分析】需要掌握 After Effects CS4 的操作方法，必须先熟悉 After Effects CS4 的工作界面，然后掌握工具的使用方法；接着需要熟悉菜单的布置规律，为后面的学习打好基础。

1.2.1 任务1：熟悉 After Effects CS4 工作界面

在计算机上安装完 After Effects CS4 后，桌面将会出现 **AE** 快捷方式图标，双击即可打开 AE 进入工作界面，如图 1-10 所示。默认状态下的工作界面由菜单栏、工具箱、"Project（项目）"窗口、"Composition（合成）"窗口、"Info（信息）"面板、时间控制调板、效果搜索、"TimeLine（时间线）"窗口组成。默认状态下的界面中出现的面板及窗口都是在工作中最常用的，由于受计算机屏幕的限制，其他一些面板被隐藏，可以通过执行 Window 菜单来显示或隐藏面板。

图 1-10　After Effects CS4 工作界面

1.2.2 任务 2: 明确工具箱

After Effects CS4 工具箱为用户提供了进行影像合成过程中常用的操作工具, 如图 1-11 所示。

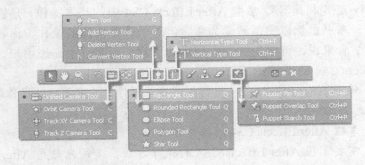

图 1-11 工具箱

1）"选择"工具: 适用于在"时间线"窗口选择图层, 在"合成"窗口中选择、移动、缩放对象。

2）"抓手"工具: 当在"合成"窗口图像显示范围放大时, 允许用"抓手"工具移动视窗查看超出范围的图像效果。

3）"缩放"工具: 允许放大或缩小"合成"窗口中的显示范围; 结合〈Alt〉键可将"放大"工具切换为"缩小"工具, 如需要返回 100%显示, 只需双击"缩放"工具, 便能将合成显示范围区域返回 100%显示。

4）"旋转"工具: 单击按钮将图层转换成三维图层后, 可对图层进行旋转操作。

5）"摄像机"工具: 此工具需建立摄像机层时才能使用, 可以对摄像机进行旋转操作。用鼠标左键点击此工具不放, 出现其他摄像机工具。这时, 若选择"移动摄像机"工具, 则可对摄像机进行移动操作; 若选择"摄像机拉伸"工具, 则可对摄像机进行接伸操作。这些工具通常用来在三维空间设置摄像机的位置。

6）"轴心点"工具: 允许改变对象的轴心点位置。

7）"遮罩"工具: 允许用来建立矩形遮罩。用鼠标左键点击此工具不放, 将会出现其他"遮罩"工具。这时, 若选择"圆角矩形"工具, 则允许用来建立圆角矩形遮罩; 若选择"椭圆遮罩"工具, 则允许用来建立椭圆遮罩; 若选择"多边形遮罩"工具, 则允许用来建立多边形遮罩; 若选择"星形遮罩"工具, 则允许用来建立星形遮罩。

8）"路径"工具: 在"图层"窗口中允许添加不规则遮罩。用鼠标左键点击不放可弹出其他路径工具。这时, 若选择"添加节点"工具, 则允许为路径添加节点; 若选择"删除节点"工具, 则允许对路径进行删除节点操作; 若选择"路径变换"工具, 则允许对路径曲率进行调整。

9）"文字"工具: 允许用来建立文字图层、用鼠标左键点击不放, 将弹出"竖排文字"工具, 允许建立竖排的文字图层。

10）"画笔"工具: 用于直接在"图层"窗口中对图层进行特效绘制。

11）"仿制图章"工具: 以克隆的方式对图层内容进行复制。通常需要结合〈Alt〉键采集源点, 再直接使用图章工具进行复制。

12）"橡皮擦"工具: 用于清除图层中多余部分的图像。

13）"木偶"工具：用于创建变形动画，使用时可自动添加关键帧从而自动产生变形效果。

1.2.3　任务 3：浏览菜单命令

After Effects CS4 除了工作区的各种窗口和面板外，还有很多菜单命令提供给用户来控制更多的细节。使用菜单的方法与一般的应用程序相同，如执行"Effect"→"Keying"→"Color Key"命令，如图 1-12 所示。

图 1-12　菜单命令

After Effects 包括的菜单较多，初学者可能会觉得无从下手。这时先快速浏览一下整个软件的菜单，将会发现 Adobe 的软件工程师已将各类命令进行了非常合理的组合，用户可以根据菜单的分类查找菜单。

1. "File（文件）"菜单

"File"菜单包括对文件的一般操作，如新建工程、保存工程、打包工程等，如图 1-13 所示。

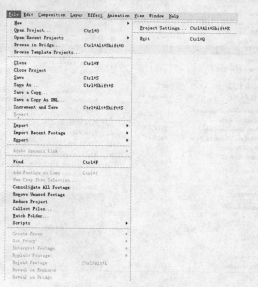

图 1-13　"File"菜单

2. "Edit（编辑）"菜单

"Edit"菜单对文件进行编辑操作，如撤销、重复、剪切、粘贴、复制等，如图 1-14 所示。

3. "Composition（合成）"菜单

"Composition"菜单用于合成内容，如新建合成、合成设置、合成背景颜色等，如图 1-15 所示。

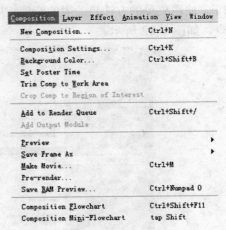

图 1-14 "Edit"菜单　　　　　　　图 1-15 "Composition"菜单

4. "Layer（图层）"菜单

"Layer"菜单针对于图层进行操作，通常执行此菜单时需要选择相应的图层，如打开图层、图层遮罩、变换等，如图 1-16 所示。

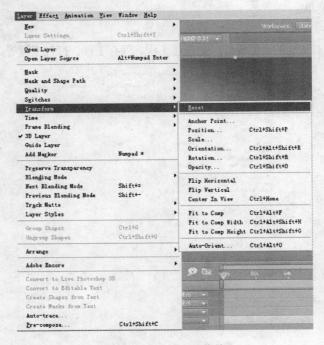

图 1-16 "Layer"菜单

5. "Effect（效果）"菜单

"Effect"菜单包含 After Effects 里面的所有特效效果命令及对效果的编辑操作，如特效控制面板、三维通道效果、音频效果、颜色校正等，如图 1-17 所示。

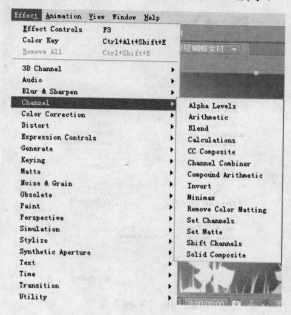

图 1-17 "Effect"菜单

6. "Animation（动画）"菜单

"Animation"菜单包含所有针对动画设置的命令，如添加关键帧、添加表达式、动画捕捉等，如图 1-18 所示。

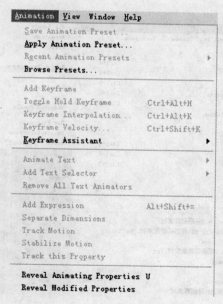

图 1-18 "Animation"菜单

7."View（视图）"菜单

"View"菜单主要针对"合成"等窗口，如缩小视图、放大视图、设置分辨率、显示网格等命令，如图 1-19 所示。

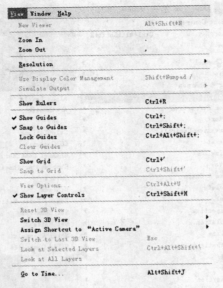

图 1-19 "View"菜单

8."Window（窗口）"菜单

"Windows"菜单下面包括了软件界面中所有的面板显示开关，对相应的面板窗口操作时，可显示或隐藏面板，如显示或隐藏"对齐"面板、显示或隐藏"音频控制"面板等，如图 1-20所示。

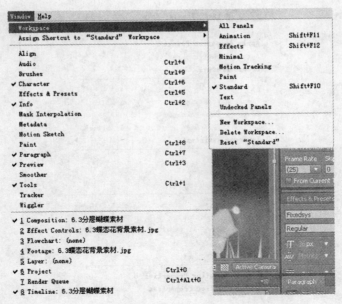

图 1-20 "Window"菜单

9."Help（帮助）"菜单

"Help"菜单提供相应的技术支持给用户，当用户在使用软件过程中遇见问题时，即可通过帮助菜单寻求帮助，如关于软件、在线升级等，如图1-21所示。

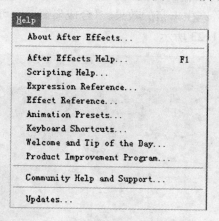

图1-21 "Help"菜单

1.2.4 任务4：查看窗口与调板

After Effects 包括了大量的窗口与调板，下面以标准操作界面为例，讲解相应的窗口与调板。

1."Project（项目）"窗口

After Effects 会在每次启动时自动建立一个新的项目，实际上相当于执行了菜单"File"→"New"→"New Project"命令，如图1-22所示。

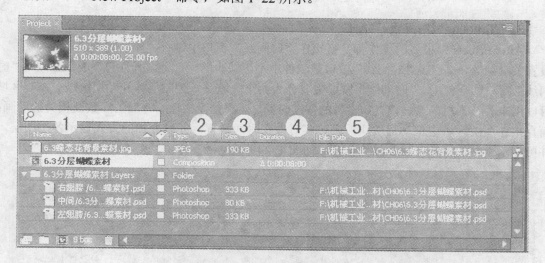

图1-22 "Project（项目）"窗口

☞提示：

图1-22中，1处为素材的名称，2处为素材的类型，3处为素材的容量大小，4处为素材持续时间，5处为素材路径。

2．"Composition（合成）"窗口

如果需要在 After Effects 中对新项目进行编辑、合成图像，首先需要建立一个合成，在"合成"窗口中看到的影像即是将要输出的视频作品。在"合成"窗口中可以方便地对各种视频素材、图片素材等直接操作，产生丰富的效果。"合成"窗口中可以显示合成的名称、窗口下方显示合成控制按钮，如图 1-23 所示。

图 1-23 "Composition（合成）"窗口

3．"Timeline（时间线）"窗口

After Effects 中很多的操作都是直接在"时间线"窗口中进行，如时间调节、变换图层、设置关键帧等，可以说"时间线"窗口是软件中不可缺少的一部分，所有的合成都必须与"时间线"窗口结合使用。"时间线"窗口主要分为两个区域——控制区域和图层区域。控制区域可以用来调节素材的叠加模式、素材的持续时间、素材的变换值、特效的参数及相关的动画；而直接在图层区域中拖动播放头，则可实时改变时间位置，并以叠加的方式显示各个图层，并可显示素材的持续时间及播放位置，如图 1-24 所示。

图 1-24 "Timeline（时间线）"窗口

4. "Info（信息）"面板

"信息"面板可以显示出合成窗口中的各类信息，分别有 R、G、B、A 的值，光标位置 X、Y 的值、素材的名称、素材的长度、入画时间与出画时间，如图 1-25 所示。

5. "Preview（预览）"面板

通过"预览"面板，可以对素材、层、合成效果进行回放预览，同时可通过相应的按钮进行控制，如图 1-26 所示。

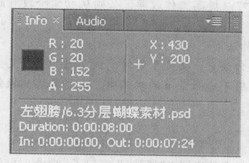

图 1-25　"Info（信息）"面板

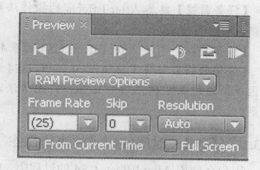

图 1-26　"Preview（预览）"面板

"播放至开始位置关键帧"键 ：单击此按钮播放至合成的开始位置。

"逐帧后退"键 ：对播放进行逐帧后退操作，每单击此按钮一次，播放就会后退一帧。

"逐帧播放"键 ：单击可播放当前窗口的影像。

"逐帧播放"键 ：对播放进行逐帧播放操作，每单击此按钮一次，播放就会前进一帧。

"播放至结束位置关键帧"键 ：单击此按钮播放至合成的结束位置。

"音频"键 ：单击控制是否播放音频。

"循环播放"键 ：显示当前影像播放的循环状态，如当前模式为不间断顺序循环播放影像，单击会在只放一次和往返播放状态之间进行切换。

"内存播放"键 ：单击此键，After Effects 会将工作区的合成影像加载到内存中进行实时播放，此功能的使用与计算机硬件配置有关，内存的大小将会影响播放的时间长度。

6. "Effects & Presets（特效和预置）"面板

"特效和预置"面板中包括了整个软件的所有特效滤镜及预置效果，用户可以搜索中直接输入所需要效果名称，如图 1-27 所示。

图 1-27　"Effects & Presets（特效和预置）"面板

1.3 After Effects CS4 操作法则

After Effects CS4 所有操作都可以通过鼠标点击、拖动等来完成，但完全用鼠标操作会影响工作效率。熟练软件技巧，必须掌握操作法则，下面从三方面讲述个性操作技巧（包括通过快捷键、自定义界面布局等）。

【任务背景】熟悉 After Effects 的操作法则，可以提高工作效率，必须从初学阶段有此意识。

【任务目标】掌握 After Effects CS4 的基本操作法则。

【任务分析】需要掌握 After Effects CS4 的操作法则，必须了解时间线属性、自定义工作区等，通过简单的练习和记忆，将操作法则应用于后面章节的实例中，便能掌握其操作法则。

1.3.1 任务 1: 时间线层属性快捷操作

用户在使用 After Effects CS4 的过程中，应用最多的当属"时间线"窗口了。掌握时间线层属性的快捷操作，将使影视制作更为快捷方便。

1）显示对象中心点：选择对象图层，按〈A〉键即可，如图 1-28 所示。

图 1-28　显示对象中心点

2）显示对象不透明属性：选择对象图层，按〈T〉键即可，如图 1-29 所示。

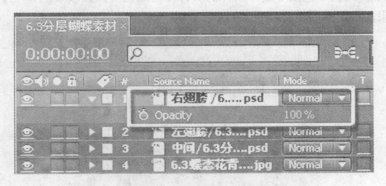

图 1-29　显示对象不透明属性

3）显示对象位置属性：选择对象图层，按〈P〉键即可，如图 1-30 所示。

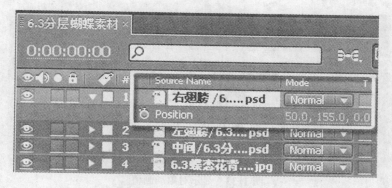

图 1-30　显示对象位置属性

4）显示对象旋转属性：选择对象图层，按〈R〉键即可，如图 1-31 所示。

图 1-31　显示对象旋转属性

5）显示对象缩放属性：选择对象图层，按〈S〉键即可，如图 1-32 所示。

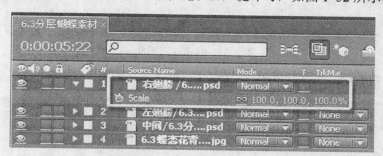

图 1-32　显示对象缩放属性

6）显示对象动画值：选择对象图层，按〈U〉键即可，显示出所有设置了关键帧的参数，如图 1-33 所示。

7）显示对象效果：选择对象图层，按〈E〉键即可，显示出所使用的所有滤镜，如图 1-34 所示。

图 1-33　显示对象动画值

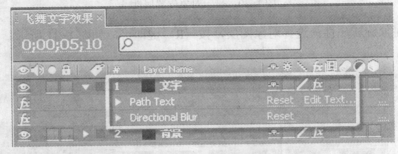

图 1-34　显示对象效果

8）显示遮罩形状：与图层属性的快捷操作类似，选择对象图层，按〈M〉键即可，如图 1-35 所示。

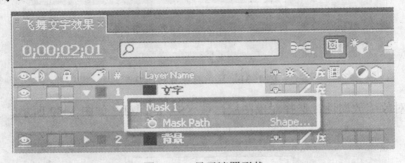

图 1-35　显示遮罩形状

9）显示遮罩羽化：选择对象图层，按〈F〉键即可，如图 1-36 所示。

图 1-36　显示遮罩羽化

10）显示遮罩不透明度：选择对象图层，快速按两次〈T〉键即可，如图1-37所示。

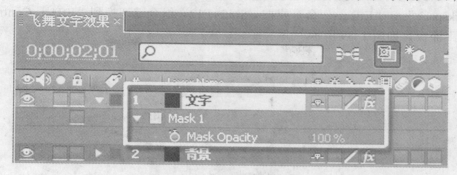

图1-37　显示遮罩不透明度

了解了时间线快捷操作法则后，可以发现一个规律，就是After Effects的快捷操作与其英文单词的首写字母一致，如旋转的单词为"Rotation"，其快捷键即为〈R〉；而遮罩的单词为"Mask"，其快捷键即为〈M〉，依此类推，读者可利用这个规律来加强记忆。

1.3.2　任务2：快捷切换界面布局

由于After Effects提供了大量的工作面板，全部显示将占据屏幕的大部分面积。针对不同的工作，应该适当关闭暂时不需要使用的面板，软件自带了常用的工作界面布局，执行菜单"Window"→"Workspace"→"Animation"命令或按〈Shift+F11〉组合键即可打开"Animation（动画）"工作界面，如图1-38所示。

图1-38　"Animation（动画）"工作界面

当用户需要对特效进行设置时，更多使用的面板为"特效"控制面板。执行菜单"Windows"→"Workspace"→"Effects"命令或按〈Shift+F12〉组合键切换到"Effects Controls（特效控制）"面板，如图 1-39 所示。

图 1-39 "Effect Controls（特效控制）"面板

1.3.3 任务 3：掌握自定义界面布局

1）创建自定义界面布局：每个用户都可能有自己的工作习惯，After Effects 为此提供了自由调整工作布局的功能。将"Effects & Presets"面板拖到"Preview"面板上，将会出现组合提示（如图 1-40 所示），释放鼠标，即可看到组合后的面板，如图 1-41 所示。

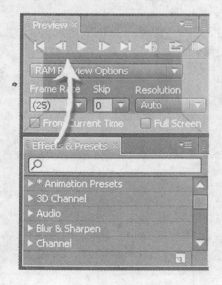

图 1-40 拖动组合面板

图 1-41 面板组合

2）管理个性工作界面：当个性工作界面设置完毕后，需要将其保存以备以后使用。执行菜单"Windows"→"Workspace"→"New Workspace"命令，在"Name"文本框中输入名称，单击"OK"按钮即可，如图1-42所示。

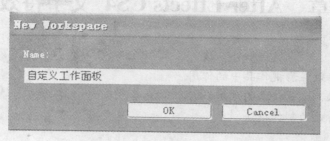

图1-42　保存工作界面布局

当自定义个性界面不再需要时，即可执行菜单"Windows"→"Workspace"→"Delete Workspace"命令，弹出"Delete Workspace"对话框，选择需要删除的工作界面名称，然后单击"OK"按钮，如图1-43所示。

图1-43　"Delete Workspace"对话框

☞提示：

　　用户正在使用的工作界面，是无法删除的；如确实需要删除，应先切换到其他工作界面。

1.4　课后练习

　　熟悉Adobe After Effects CS4的操作与工具界面，根据个人的使用习惯对After Effects CS4进行自定义界面。

第 2 章　After Effects CS4 文字特效技术

学习目标
● 了解文字特效在影视作品中的作用
● 掌握层技术、遮罩技术的应用
● 熟练文字特效的制作技法

文字是影视作品中的主要元素之一，它包括字幕、栏目名称等，可以增强表达的准确性。有时文字又作为特定的符号，解释影视画面以外的东西。

【任务背景】文字特效是影视制作中最常见、最基础的的手段之一，广泛应用于栏目包装、影视广告宣传语、字幕技术等。

【任务目标】认识字幕技术在影视特效制作中的重要性，掌握 After Effects CS4 制作文字特效的流程、技术。

【任务分析】文字特效既是影视制作的视觉构成基本元素，也是学习 After Effects CS4 的必须首先掌握的技术。

2.1　基础知识讲解

2.1.1　任务 1：层技术

1. 层的概念

在 After Effects 中，允许将层想象为透明的胶纸，它们一张张地叠放在一起。如果层上没有像素，则可以看到底下的层，如图 2-1 所示。

图 2-1　图的显示 1

在层的二维工作模式中，总是优先显示处于上方的层。当该层中有透明或半透明区域时，将根据其透明度来显示其下方的层。

2．层的管理

在 After Effects 中，每个导入合成图像的素材都以层的形式出现在合成图像中。允许在"时间线"窗口中对层进行管理，执行改名、排序等操作。

3．层的产生

在 After Effects 中，允许通过 5 种方法产生层：利用素材产生层；利用合成图像产生层；重组层；建立固态层；建立调节层。

此外，After Effects 中的摄像机和灯光等，也可作为一个图层来管理，如图 2-2 所示。图中①处为灯光层，②处为摄像机层，③处为合成层，④处为素材层，⑤处为固态层。

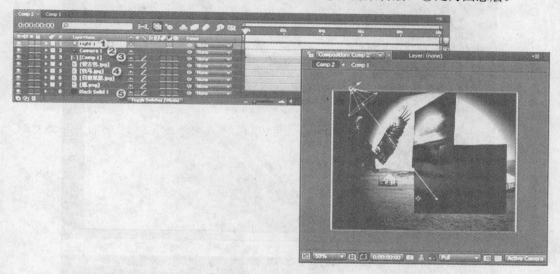

图 2-2　层的显示 2

（1）利用素材产生层

在"项目"窗口中导入素材并加入合成图像，组成合成图像的素材层，这是 After Effects 中最基本的工作方式。素材成为合成图像中的层后，允许对其进行编辑合成。要在合成图像中产生层，首先必须建立一个合成图像。执行菜单"Composition"→"New Composition"命令即可创建一个合成图像。

1）从"项目"窗口中选中要加入合成图像的素材。

2）按住鼠标左键将素材拖入"项目"窗口中的合成图像图标上或按住鼠标左键将素材拖入"时间线"窗口，这两种方法加入合成图像的素材将以中心对齐方式置于合成图像之中。或者按住鼠标左键将素材拖入"合成图像"窗口，这种方法在拖入过程中会改变层在合成图像中的空间位置。

如果导入合成图像的素材为视频素材，还允许为其设置入点和出点，以决定使用素材的某一段作为合成图像中的层。

1）按住〈Alt〉键，在"项目"窗口中双击素材，将其在"Footage（脚本）"窗口中打开。

2）拖动时间指示器至新的起始或结束位置，单击入点按钮 或出点按钮 。也可直接在"层"窗口中拖动![icon]或![icon]改变起始或结束位置，如图 2-3 所示。"入点"按钮![icon]右边的时间显示的是起始点在素材中的时间位置；按钮![icon]右边的时间显示的是结束点在素材中的时间位置；![△0:00:10:10]区域显示起始点至结束点的持续时间，即层的持续时间。"脚本"窗口底部的时间指示器显示了层在合成图像中的时间位置。拖动上方的导航栏可以缩放时间显示单位。还允许使用"Time Controls（时间控制）"面板播放影片，并进行逐帧精确控制。

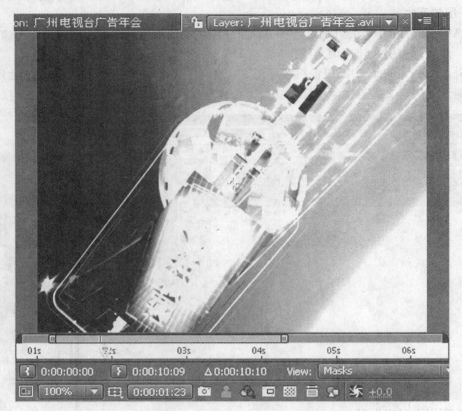

图 2-3　时间的设置

（2）利用合成图像产生层

After Effects 允许在一个项目里建立多个合成图像，并且允许将一个合成图像作为一个层加入到另一个合成图像中。这种方式叫做嵌套。

当合成图像作为层加入到另一个合成图像后，对该合成图像所做的一切操作将影响其加入到的层。而对加入到的层所进行的操作，则不会影响该合成图像。例如，将合成图像 A 加入到合成图像 B，成为合成图像 B 中的一个层，对 A 所作的一切操作，如旋转、缩放、效果等都会同时作用于 B 中 A 所对应的层；而对 B 中 A 所对应的层的一切操作，则对 A 无影响。

1）确保项目中有 2 个以上的合成图像，打开要加入层的"合成图像"窗口或"时间线"窗口。

2）如图 2-4 所示。在"项目"窗口中选中另一个合成图像![icon]，将其拖到打开的"合成图像"窗口或"时间线"窗口，或在"项目"窗口中直接将要产生层的合成图像图标拖到要加入层的合成图像图标上。

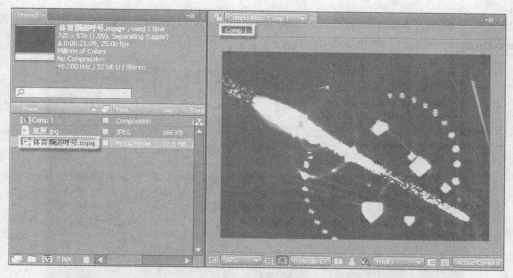

图 2-4　利用合成图像产生层

☞提示：

　　嵌套在合成制作的过程中经常使用。多数初学者不理解嵌套，从另一面来解释，"项目"窗口是用来存放和管理素材的，这些素材除了常见的图像、声音、视频文件外，在每次新建一个合成图像后，"项目"窗口也会多出一个合成图像的图标，所以，这时的合成图像也是一个素材，当然也就可以利用它来产生层。

　　After Effects 允许对作为层使用的合成图像进行设定。选择该合成图像的"Composition Settings"命令，在其设置窗口"Advanced"页面的"Nesting Options"栏下选择"Preserve Frame Rate"和"Preserve Resolution"，决定是否使用原合成图像的分辨率和帧速率。

　　在默认情况下，合成图像中的某些层开关将影响嵌套在该层中的合成图像，如卷展变化／连续栅格、质量、运动模糊、帧融合以及合成图像的分辨率等。允许取消嵌套合成图像中开关的作用，使开关只影响包含开关的合成图像。执行菜单"Edit"→"Preferences"→"General"命令或按〈Ctrl+Alt+;〉组合键，取消选择"Switches Affect Nested Comps"选项，单击"OK"按钮退出。

　　（3）重组层

　　After Effects 也允许在一个合成图像中对选定的层进行嵌套，这种方式称为"Pre-compose（重组）"，有些类似在 Photoshop 中对层进行的合并操作，所不同的是 Photoshop 中的拼合图层不可逆转，而在 After Effects 里则可以修改重组前的原图层。

　　重组时所选择的层合并为一个新的合成图像，这个新的合成图像代替了所选的层，以层的形式在原合成图像中工作。并且在"项目"窗口中添加了一个作为索引的合成文件。

　　重组是一个非常重要的概念。经常需要使用重组来简化层，而且在很多情况下，需要对层进行重组才能产生正确的特效结果。

　　重组时，After Effects 提供了"关键帧"和"层属性"的设置选项。

　　1）在"时间线"窗口中选择要进行重组的层。

2）执行菜单"Layer"→"Pre-compose"命令或按〈Ctrl+Shift+C〉组合键，弹出"Pre-compose"对话框，如图 2-5 所示。

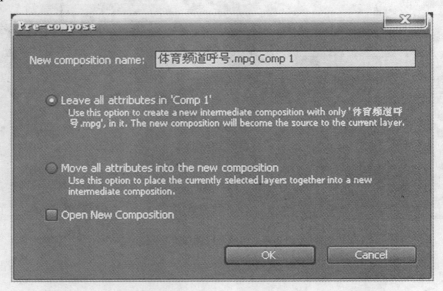

图 2-5 "Pre-compose"对话框

- Leave all attributes in 'Comp 1'：该选项在重组层中保留所选择层的关键帧与属性，且重组层的尺寸与所选层的相同。该选项只对一个层的重组有效。选择该选项，对源层的修改仍然会应用到该层。
- Move all attributes into the new composition：将所选层的关键帧与属性应用到重组层，重组层与所选层的尺寸相同。

3）为重组后的新合成图像起名，并选择重组方式。

4）单击"OK"按钮退出。重组的新合成图像在合成图像中以层的形式出现，并代替了用来重组的源层。如果选定"Open New Composition"，则系统会打开一个新合成图像来建立重组层。

（4）建立固态层

建立固态层通常是为了在合成图像中加入背景、建立文本、利用遮罩和层属性建立简单的图形等。固态层建立后，可进行的操作与普通层一样。

1）激活要加入固态层的"合成图像"窗口或"时间线"窗口。

2）执行菜单"Layer"→"New"→"Solid"命令（或者在"合成图像"窗口或"时间线"窗口空白区域单击鼠标右键，在弹出的菜单中执行"New"→"Solid"命令），弹出"Soid Settings（固态层设置）"对话框，如图 2-6 所示。

3）在对话框中进行设置。

"固态层设置"对话框中各名称的意思如下。

- Name：名称。允许在此输入固态层的名称。
- Size：帧尺寸。允许在此输入固态层的尺寸。单击 Units 的下拉对话框，可在其中选择不同的计量单位，默认状态下为像素。激活"Lock Aspect Ratio to"，即为锁定固态层长宽比例。单击"Make Comp Size"按钮，可将固态层尺寸设置成图像尺寸。

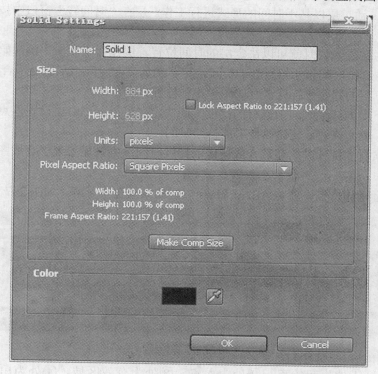

图 2-6 "Soid Settings"对话框

● Color：颜色。选择固态层的颜色，默认状态下为白色。固态层会保持上一次所选定的颜色。可以单击颜色块，在弹出的颜色调色板中选取颜色；也可以选择吸管工具，选取窗口中任意区域颜色。

4）设置完毕后，单击"OK"按钮完成固态层创建。

允许对已经建立的固态层随时修改。在"时间线"窗口或"合成图像"窗口中选中要进行修改的固态层，执行菜单"Layer"→"Solid Settings"命令或按〈Ctrl+Shift+Y〉组合键，在弹出的固态层设置对话框内进行设置，单击"OK"按钮退出。

（5）建立调节层

在 After Effects 中对层应用效果，则该层会产生一个效果控制。因此，可以建立一个调节层，对其下方的层应用效果，而不在该层中产生效果控制，效果依靠调节层来控制调节。

调节层仅用来为层应用效果，它不在"合成图像"窗口中显示。当对一个调节层应用效果时，处于其下方的所有层将受此效果影响。这对于在对多个层上应用相同效果时尤其有用。

1）激活要创建调节层的"合成图像"窗口或"时间线"窗口。

2）执行菜单"Layer"→"New"→"Adjustment Layer"命令或按〈Ctrl+Alt+Y〉组合键来建立一个调节层。

通过打开或关闭"时间线"窗口中"开关"面板上的"调节层开关"按钮，可以将调节层转为固态层，或将普通层转为调节层。

4．对层进行编辑

After Effects 通过层以基于时间的形式进行工作。层在"时间线"窗口中按时间顺序进行排列。

在合成图像中导入层时就可以决定层的时间位置。层在合成图像中的起始位置，由导入时"时间线"窗口中时间指示器所处的位置决定。例如，在时间指示器处于合成图像 5 秒位置时导入新层，层的起始位置就在合成图像 5 秒位置。

默认情况下层的持续时间由素材的持续时间决定。可以通过对层设置入点、出点来改变层的持续时间，也允许通过变速改变层的持续时间。

如果脚本素材的持续时间超过合成图像的持续时间，则只显示处于合成图像时间区域内的部分。

要对层进行操作，首先要对 After Effects 中层的结构有所了解，如图 2-7 所示。

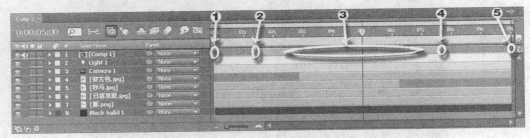

图 2-7 "时间线"窗口中层的结构

图 2-7 中，①处为起始点，②处为入点，③处为有效区域，④处为出点，⑤处为结束点。

层文件名后的长条区域即代表合成图像中的层。After Effects 在将素材直接导入合成图像时，保持了素材原有的持续时间，层入点位置即为素材起始点位置，出点为素材结束点位置。入点与出点间的区域为有效层区域，将在合成图像中被使用。当改变了层的入点或出点位置，或改变了层素材的起始或结束位置，层入点和出点间的区域会发生改变。如果有效区域将比素材持续时间短，则有效层区域外的素材显示为浅色，这些素材将不会被合成图像使用。通过改变有效层区域的入点和出点可以改变有效层区域的范围。

☞提示：

　　文件的属性不同，层的颜色也不相同。在默认状态下，视频层为黄色，音频层为蓝色，静态图片层为粉红色，固态层为桃红色，摄像机层为红色，灯光层为蓝紫色。

在"合成图像"窗口中，层显示其图像内容，而且可以看到在"合成图像"窗口中，层的尺寸由周围的 8 个控制手柄控制。拖动层的控制手柄，可以改变层的尺寸。层的轴心点 ✛ 确定了对层进行旋转、缩放等操作时的基准位置。

（1）选择层

对层进行操作，首先需要选定目标层。After Effects 支持用户对层进行单个或多个的选定。被选定的层会显示突出的纹理，如图 2-8 所示。

选择单个层：在"时间线"窗口中单击要选择的层；或在"合成图像"窗口中单击要选择的层。

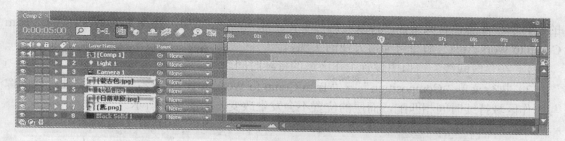

图 2-8　层的选择

选择多个层：在"时间线"窗口层概述面板区域，按住鼠标左键，框选需要选择的层；或按住〈Ctrl〉键，单击要选择的层（允许选择非相邻的层），每单击一层，该层就会加入到已选择的层中；或者按住〈Shift〉键单击一层，再单击另一层，则两层间的所有层被选中。

选择全部图层：在"时间线"窗口层概述面板区域，按住鼠标左键，框选所有层；或执行菜单"Edit"→"Select All"命令或按〈Ctrl+A〉组合键。

取消层选定：在"时间线"窗口中单击已经选择的层；或在"时间线"窗口空白区域单击；或执行菜单"Edit"→"Deselect All"命令或按〈Ctrl+Shift+A〉组合键。

（2）设置层的入点和出点

After Effects 允许通过多种方法改变层的入点与出点。

拖动标尺修改层的入点与出点的方法如下。

1）在"时间线"窗口选中要设置入点或出点的层。

2）使光标处于入点 ■ 或出点 ■ 位置，按住鼠标左键将入点标识 ■ 或出点标识 ■ 拖至新的入点或出点（也可将时间指示器移至新的入点或出点位置，按〈Alt+[〉组合键设置入点，按〈Alt+]〉组合键设置出点）。拖动入点标识或出点标识来修改层的入点或出点位置时，会同时改变层的持续时间以及层的起始和结束位置。

移动层来修改层的入点与出点的方法如下。

1）在"时间线"窗口中选中要设置入点或出点的层。

2）使光标处于层的有效区域内，拖动层至新的入点或出点位置。若为层设置了关键帧动画，则拖动层移动时，层上所有的关键帧都会随其一起移动。

用数字修改层的入点与出点的方法如下。

1）打开"时间线"窗口中的"入点"与"出点"面板。

2）选中要修改入点或出点的层。

3）单击"入点"或"出点"面板，在弹出的对话框中输入新的入点或出点位置。

☞提示：

入点和出点是指层在合成图像上的位置，即该层在合成图像什么位置开始以及在合成图像什么位置结束；而起始点和结束点则是层素材的起始与结束位置。入点与出点是层基于合成图像的设置；而起始点与结束点则是层基于素材的设置。在修改层的入点、出点或起始点、结束点时，通过观察在"时间线"窗口中层有效区域和素材持续时间的相对位置变化，可准确地把握二者之间的关系。

若层的有效区域比合成图像的持续时间长，那么合成图像只使用属于合成工作区域以内的素材层。要想使合成图像的持续时间与工作区域相匹配，使用 After Effects 提供的"Trim Comp to Work Area"命令可非常方便的实现。

1）在"时间线"窗口中设置工作区域的持续时间。

2）执行菜单"Composition"→"Trim Comp to Work Area"命令，系统自动使合成图像与工作区域持续时间相匹配，而层的位置不会发生改变，如图2-9所示。

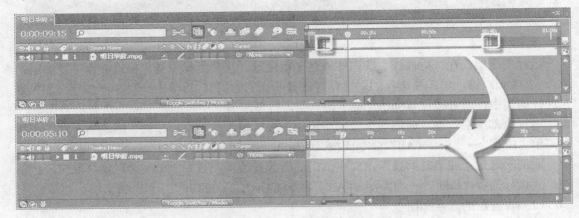

图2-9　合成图像与持续时间匹配对照

（3）设置层的持续时间

在"Layer（层）"窗口中允许对层的持续时间进行修改，设置新的开始和结束位置。双击选定的层，可以打开"层"窗口。

在"时间线"窗口中移动层的持续时间区域，可以看到在移动该区域时，层的有效区域并没有随之移动，而是其起始和结束位置发生了改变。选择层的持续时间区域，按住鼠标左键，游标显示为，拖动持续时间区域，就可以改变层的开始和结束位置，如图2-10所示。

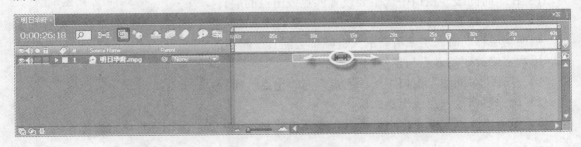

图2-10　时间区域的拖动

After Effects 除了支持通过改变起始点与结束点位置修改层的持续时间外，还可以通过改变层的速度变化来改变层的持续时间。

通过改变速度变化来修改层的持续时间的方法如下。

1）打开"时间线"窗口中的"持续时间"面板或"延伸"面板。

2）选中要修改持续时间的层。单击"持续时间"面板或"延伸"面板，弹出"Time Stretch（时间延伸）"对话框，如图2-11所示。

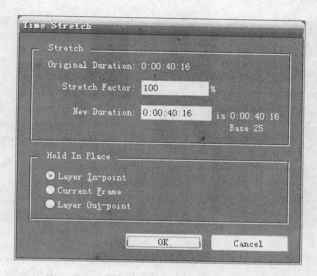

图 2-11 "Time Stretch（时间延伸）对话框

3）在"New Duration（新的持续时间）"数值框中输入层的新的持续时间，或在"Stretch Factor（延伸因数）"数值框中输入层的新的持续时间百分比。在"Hold In Place"中选择持续时间的插入方式，各选项说明如下。

● Layer In-point：以层的入点位置为准，改变持续时间。即改变层的出点位置，入点不变。

● Current Frame：以当前时间指示器位置为准，改变持续时间。

● Layer Out-point：以层的出点位置为准，改变持续时间。即改变层的入点位置，出点不变。

（4）复制和分裂层

After Effects 可以很容易地对合成图像中的层进行复制。当复制了一个层后，复制层会自动添加到源层的上方，并处于选定状态。复制层保留了源层的一切信息，包括属性、效果、入点和出点等。

对层进行复制的方法如下。

1）选中要进行复制的层。

2）执行菜单"Edit"→"Duplicate"命令或按〈Ctrl+D〉组合键。

对层进行分裂的方法如下。

1）在"时间线"窗口中选中要进行分裂的层。

2）将时间指示器移动到要分裂的位置。

3）执行菜单"Edit"→"Split Layer"命令或按〈Ctrl+Shift+D〉组合键。

After Effects 允许用户在层的有效区域内对层进行分裂。分裂层后，原来的层在时间指示器的位置被分为两层：一层保持入点，分裂位置为出点；一层保持出点，分裂位置为入点。如图 2-12 所示。

☞提示：

对层进行分裂后，产生的新层包含源层所有的关键帧，并且位置不变。

31

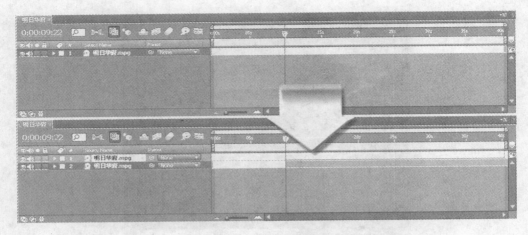

图 2-12　层分裂

此外，利用"Lift Work Area"或"Extract Work Area"命令可以非常方便地对选定层进行定制区域的剪切分裂，并且可以指定分裂后的排列方式。具体操作方法如下。

1）移动时间指示器至预想分裂后第一层的出点位置，按〈B〉键指定工作区域的入点位置。

2）移动时间指示器至预想分裂后第二层的入点位置，按〈N〉键指定工作区域的出点位置。

3）选择需要分裂的层（允许同时分裂多个层）。

4）执行菜单"Edit"→"Lift Work Area"或"Extract Work Area"命令，对层进行分裂。

☞提示：

若整个层都被包括在工作区域内，则该层将被删除，不会产生分裂结果，所以需要设定工作区域的入点和出点。

使用"Lift Work Area"命令进行分裂操作时，系统将一个层剪切分裂为两个层。两个层间的距离由工作区域的持续时间所决定。系统以工作区域的入点作为剪切分裂后第一个层的出点，以工作区域的出点作为剪切分裂后第二个层的入点，工作区域范围中的内容则被剪切掉，层的位置不发生变化，如图 2-13 所示。

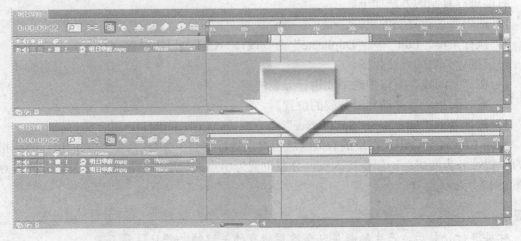

图 2-13　使用"Lift Work Area"命令进行层分裂

使用"Extract Work Area"命令进行分裂操作时，系统按照上面的方式设置两个层的入点和出点。不同的是，系统使用涟漪式移动方式，自动将下面的层向前移动，与前面的层首尾相接，中间不留空白区域，如图 2-14 所示。

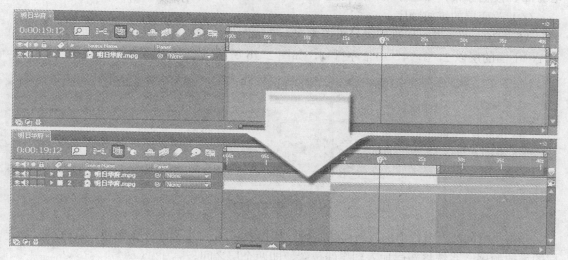

图 2-14　使用"Extract Work Area"命令进行层分裂

（5）层的对齐与分布

当合成图像中存在有多个层时，对于层的管理是一件很麻烦的事，为此 After Effects 提供了层的"Align（对齐和分布）"面板。利用该面板，可以方便地在"合成图像"窗口中对层进行对齐和分布操作。

使用"Align"面板对层进行对齐操作时，系统会将层对齐到最能表现新对齐项的位置，而与选择的先后顺序无关。例如使用右对齐时，所选择层将对齐到选择层中最靠右的层的位置。分布操作可以将所选择的层均匀地分布在两个最靠边的层之间。例如使用水平分布时，所选择的层将均匀地分布在最左边和最右边的层之间。

☞提示：

对齐操作至少需要选择两个层；分布操作至少需要选择三个层。

对层进行对齐或分布操作的方法如下。

1）选中所要对齐或分布的层。

2）执行菜单"Window"→"Align"命令，弹出"Align"面板，如图 2-15 所示。

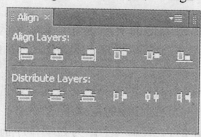

图 2-15　"Align"面板

3）单击对齐或分布的操作按钮。"对齐"按钮从左至右依次为左对齐、垂直居中对齐、右对齐、顶对齐、水平居中对齐和底对齐。"分布"按钮从左至右依次为按顶分布、按水平中心分布、按底分布、按左分布、按竖直中心分布和按右分布。

（6）改变层的堆放顺序

After Effects 通过对层进行编号来确定层在合成图像中的位置。处于最上方的层的编号总为 1，下面的层以 2，3，4，…依序排列，如图 2-16 所示。

图 2-16　层的排列

当在"时间线"窗口中加入新层的时候，"时间线"窗口中显示一条黑线，这时可以决定层的堆放顺序。系统将新层加入到黑线位置，即两个层之间。

当在合成图像中加入新层时，新层前的各层不变，其后各层顺序下移。After Effects 不允许改变层的编号，但是允许通过拖动层来改变层的堆放顺序，操作方法如下。

1）选中要移动位置的层。

2）按住鼠标左键将该层移动到目标位置，注意出现在层名间的水平线。

3）松开鼠标左键，该层出现在目标位置，其下各层顺序下移，其上各层不变。

另外，可通过执行菜单命令来改变层的堆放顺序。

1）选择要移动位置的层。

2）执行菜单"Layer"→"Arrange"→"Bring Layer Forward"命令或按〈Ctrl+]〉组合键，将层向上移动一级。

3）执行菜单"Layer"→"Arrange"→"Send Layer Backward"命令或按〈Ctrl+[〉组合键，将层向下移动一级。

4）执行菜单"Layer"→"Arrange"→"Bring Layer to Forward"命令或按〈Ctrl+Shift+]〉组合键，移动层到合成图像顶部，即层 1 的位置。

5）执行菜单"Layer"→"Arrange"→"Send Layer to Back"命令或按〈Ctrl+Shift+[〉组合键，移动层到合成图像底部。

（7）对层进行自动排序

利用自动排序功能，可以很方便的对层进行剪辑。自动排序功能以所选层的第一层为基准，自动对所选择的层进行衔接排序。自动排序功能提供了硬切与软切两种排序形式。

层在时间上排列的先后顺序由对层的选择顺序决定。如选择自动排序层时，首先选择层 3，接着选择层 1，再选择层 2，则排序时层 3 位置不动，以层 3 为基准，层 1 在层 3 之后，层 2 在层 1 之后，如图 2-17 所示（上图为自动排序前的位置，下图为自动排序后的结果）。

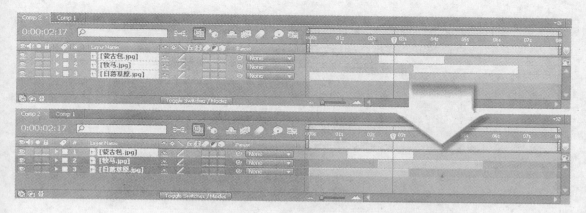

图 2-17　自动排列前后参照图

对层进行自动排序的操作方法如下。

1）在"时间线"窗口中按〈Ctrl〉键选择多个需要自动排序的层。

2）执行菜单"Animation"→"Keyframe Assistant"→"Sequence Layer"命令，弹出"Sequence Layers（自动排序）"对话框，如图 2-18 所示。

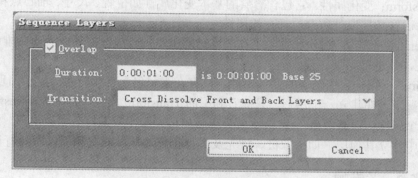

图 2-18　"Sequence Layers（自动排序）"对话框

3）在对话框中进行设置。对话框中各项内容说明如下。

- Overlap：重叠。不选择该选项，层与层之间硬切排序；选择该项，层与层之间软切排序，并打开下面各项选择。
- Duration：重叠时间。可以在数值框中输入层与层之间的重叠时间。
- Transition：过渡渐变。允许选择过渡渐变，指定哪个层不透明。系统将在层与层间产生淡入淡出效果。选择下拉菜单中的"off"，为关闭淡入淡出效果；选择"Dissolve Front Layer"，只做淡入效果；选择"Cross Dissolve Front and Back Layers"，即在层与层之间产生淡入与淡出效果。

4）单击"OK"按钮，系统按照设置自动为层排序。

（8）层的基本属性

点击层文件名旁的小三角 ▶ 可以展开"层属性"设置界面。After Effects 中层共有 6 种属性。层中动画的表现都依赖于层的基本属性。层的基本属性如图 2-19 所示。

层的基本属性及其含义如下所示。

图 2-19　层的基本属性

- **Time Remap**：时间映射。可以通过时间映射对层进行扩展、压缩、倒放和静止等修改。
- **Masks**：遮罩。可以使用遮罩来显示或组合层的不同部分。
- **Effects**：特效。可以使用特效来对层素材进行修正以及应用特殊效果。
- **Transform**：变化属性。它包含着层的基本变化属性如位置、尺寸、轴心点和透明度等。是除了音频层以外所有层都有的属性。
- **Material Options**：材质属性。当在三维空间中进行合成时，系统会为三维层指定材质属性，并进行动画。
- **Audio**：音频。它控制层的音频属性，只有在素材包含音频时才会显示出现。

通常情况下，在建立一个层后，只能看到层的 Transform 属性，是因为 Transform 属性是最根本的一个属性。而其他 5 个层属性只有在施加相关操作或素材后才会出现。此外，允许在合成图像中建立其他层，如摄像机、灯光及虚拟物体等，并对其相关参数进行设置。

2.1.2　任务 2：关键帧

1. 关键帧的概念

关键帧指的是对对象属性进行变化的时间点，而时间点间的变化则由系统来完成。例如，在时间 A 处调整对象位置于屏幕左侧，在时间 B 处调整对象的位置于屏幕右侧，则在时间 A 处及时间 B 处产生两个关键帧，系统通过给定的关键帧，可以完成对象从时间 A 处到时间 B 处的移动变化过程。一般情况下，为对象指定的关键帧越多，则所产生的运动变化越复杂，也将使系统的计算时间加长，但所产生的变化效果也越细致、过渡越平滑。

2. 关键帧记录器的认识及应用

在通常状态下 After Effects 允许对层或者其他对象的变换、遮罩、效果及时间等进行设置，而此时系统对层的设置则是应用于整个持续时间上。打开关键帧记录器，记录关键帧的设置，则可对层进行动画。如图 2-20 所示，图中Ⓐ处为关键帧记录器关闭状态，在此状态下，不能进行动画；图中Ⓑ处为关键帧记录器开启状态，此状态下则可以进行动画。

打开层的某属性关键帧记录器后，关键帧记录器的图标则变为状态，表示关键帧记录器正处于工作状态。此时系统对该层的该属性进行的一切操作，都将被记录为关键帧。若关闭已有的关键帧记录器，则系统会删除该属性上的关键帧。

图 2-20　关键帧记录器关闭与打开状态

3．关键帧的建立

通过对层的不同属性设置关键帧，可以为层进行动画。建立关键帧时，系统以当前时间指示器位置为基准，在该时间为层增加一个关键帧，具体建立方法如下。

1）打开要建立关键帧的层，并打开要建立关键帧的属性。

2）将时间指示器拖曳移动至要建立关键帧的位置。

3）打开该属性关键帧记录器 ，时间指示器将在所处位置产生一个关键帧 。

4）移动时间指示器至下一个要建关键帧的位置，在"合成图像"窗口或"时间线"窗口移动层或在"层"窗口修改层的遮罩，将自动生成关键帧。

在已添加关键帧的位置，可在"时间线"窗口中选择该关键帧的状态下，在"合成图像"窗口和"层"窗口中改变层的属性设置关键帧。例如，在"层"窗口修改层的遮罩、在"合成图像"窗口移动层或在"层"窗口修改层的遮罩，如此改变的值则是相对于前一个值。

在属性的参数栏中改变参数进行设置的操作上，系统提供了3种设置方法：

● 将鼠标光标指向参数栏上，按住鼠标左键并进行拖动，鼠标显示样式则变为手形双箭头状态，允许看到所改变发生变化的参数。

● 在参数栏上用鼠标左键单击，使该参数栏处于可编辑状态，在其中输入新的参数值。再用鼠标单击空白区域而进行确定。

● 在参数栏上单击鼠标右键，在弹出的菜单中选择"Edit Value"命令，在弹出的"参数设置"对话框中进行参数的设置。根据所编辑的参数的属性不同，弹出的对话框也不相同。

4．关键帧导航器

关键帧导航器的作用是为层中已设置关键帧的属性进行关键帧导航。在默认状态下，在为对象设置关键帧后，关键帧导航器即显示于素材特征解释面板中；若打开"关键帧（Key）"面板，则系统会把关键帧导航器显示于该面板中，如图 2-21 所示。图中①处为无关键帧状态；图中②处为"时间线"窗口中时间指示器所处的位置，并在当前位置上有关键帧；图中③处为关键帧，通过单击该方向箭头，允许将时间指示器跳转到下一关键帧位置，同时"合成"窗口的显示画面也随着关键帧的跳转而跳转；图中④处表示"时间线"窗口中时间指示器当前无关键帧。

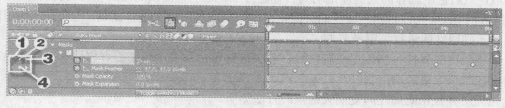

图 2-21　关键帧导航器

在为对象中的某一属性设置关键帧后，在其素材特征解释面板中即出现关键帧导航器。通过鼠标左键单击导航器中的左箭头或右箭头来快速搜寻该属性上的关键帧。在时间指示器左侧或右侧无关键帧的状态下，在无关键帧的方向，导航器中的该方向箭头则处于较深的灰色；反之，在该方向若有关键帧，则方向箭头显示的颜色为较淡且偏白色。在时间指示器当前所处的位置上有关键帧时，导航器上中间的方块显示为◆；若时间指示器当前所处位置上无关键帧，导航器上中间的方块显示为■。鼠标左键单击该处，可以在当前时间指示器的位置上删除或添加关键帧。

5. 关键帧的选择

利用鼠标左键在"时间线"窗口中的时间指示器区域中单击关键帧，即可选中单个关键帧。

多个关键帧的选择方法有如下几种：

● 通过按住〈Shift〉键，在"时间线"窗口中，利用鼠标逐个选择关键帧。
● 以鼠标框选的方式，在"时间线"窗口中对关键帧进行框选。
● 展开"属性"面板，鼠标单击"属性"面板中的"层属性"项，可以选择该属性在层上的所有关键帧。

6. 关键帧的编辑

为对象添加关键帧后，在其后操作中的任何时候都可以对已建立的关键帧进行编辑修改。

1）对关键帧的属性编辑修改，最直接的方法是在"时间线"窗口中选择关键帧，然后鼠标双击该关键帧，在弹出的该关键帧的"属性设置"对话框中进行修改。

2）以鼠标拖动时间指示器至需要进行编辑的关键帧所处的位置，然后在"时间线"窗口中对该层的属性参数调整设置，或者在"合成图像"窗口中对对象进行相应的调整。

☞提示：

在时间线指示器与关键帧对齐的操作中，若要使时间线指示器与关键帧准确地对齐，可按住〈Shift〉键把时间线指示器拖动至关键帧附近，时间线指示器则自动与该关键帧对齐。反之，在按住〈Shift〉键不放的前提下，把关键帧拖动到时间线指示器附近，关键帧即会自动对齐于时间线指示器。

要简化对层的动画控制，可以通过移动和复制关键帧来实现。在 After Effects 中，给用户提供了非常方便的关键帧移动和复制操作。

1）单个关键帧的移动。在选择需要移动的关键帧后，在该关键帧上按住鼠标左键不放，然后把该关键帧拖动到目标位置上。

2）多个关键帧的移动。在选择需要移动的多个关键帧后，在所选的关键帧上按住鼠标左键不放，然后把所选择的关键帧拖动到目标位置上，这些关键帧之间的相对位置仍保持不变。

After Effects 允许对相同属性的关键帧在同一层或不同层上进行复制，还允许在使用同类数据的不同属性间进行关键帧复制。

同类数据的属性包括位置或旋转等，其中位置包括效果点和轴心点属性等，旋转包括效果角度控制和效果滑动控制以及效果色彩属性等。

相同层并且相同属性间复制关键帧的方法如下。

1）首先，选择所要复制的关键帧，然后执行菜单"Edit"→"Copy"命令或按〈Ctrl+C〉

组合键。

2）然后利用鼠标左键拖动时间指示器至目标位置。

3）最后执行菜单"Edit"→"Paster"命令或按〈Ctrl+V〉组合键来完成复制。

对于多个关键帧，在对多个关键帧进行选择后，允许同时进行复制，或在不同层的相同属性间进行复制，以及在不同层使用相同数据的不同属性间复制。在此需要注意的是，在进行同一属性多个关键帧复制时，所复制的关键帧仍保持其相对位置不变，粘贴到时间指示器所处的位置。而时间指示器的位置所指示的则为该组关键帧的第一个关键帧。

☞提示：

在把所复制的关键帧粘贴到目标层上时，若该层处于关键帧记录器关闭状态时，系统则自动打开关键帧记录器。若所复制的关键帧在粘贴到目标位置时，目标位置上相同的位置如果处于有关键帧的状态，则会将目标位置的关键帧覆盖。

无关键帧时层也允许复制，其方法与复制关键帧的操作方法相同。即对该属性的时间线所处的位置进行复制属性，然后在目标位置进行粘贴即可。此复制操作通常用于不同层之间的属性复制。

在 After Effect 中，允许通过快捷键选择层属性，快捷键选取的方式是只打开所要选取的层属性。如图 2-22 所示，是对层的位置（Position）属性的设置，上图是通过以单击展开层属性后再打开层的位置属性的方式；下图是通过按键盘上的〈P〉键打开层的位置属性的方式。

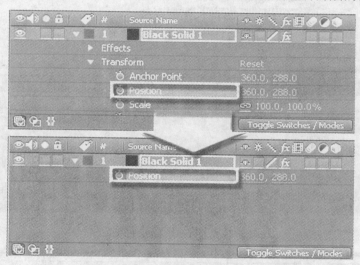

图 2-22　层属性的打开方式对比

在 After Effects 中，对于删除关键帧的操作也有很多种方法：

● 鼠标选择所需要删除的关键帧，执行菜单"Edit"→"Clear"命令。

● 鼠标拖动时间指示器至所要删除的关键帧处，然后单击帧导航器中的◆图标。

● 鼠标选择所需要删除的关键帧，按〈Delete〉键直接对关键帧进行删除。

若要对某一个层上的所有关键帧进行删除，可以在"时间线"窗口中展开所要删除的属性，鼠标单击该属性前的关键帧记录器◉即可。

7．关键帧的显示方式

在 After Effects 中，基于关键帧的显示方式有两种，一种是以图标显示的方式进行显示，另一种是数字显示方式。

用鼠标右键单击"时间线"窗口"Comp"处，在弹出的菜单中可分别选择"Use Keyframe Icons"或"Use Keyframe Indices"命令，"时间线"右键菜单如图 2-23 所示。若选择"Use Keyframe Icons"命令，关键帧则以图标的显示方式进行显示，如图 2-24 所示；若选择"Use Keyframe Indices"命令，关键帧则以数字的显示方式进行显示，如图 2-25 所示。

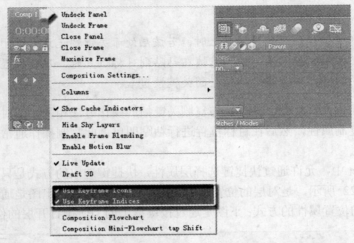

图 2-23 "时间线"右键菜单

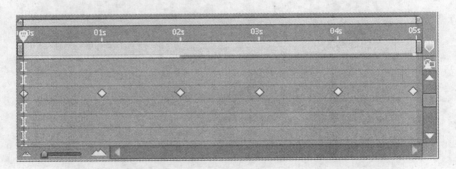

图 2-24 关键帧图标显示方式

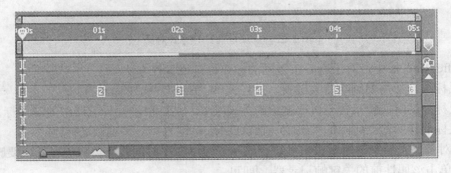

图 2-25 关键帧数字显示方式

关键帧的显示方式只能选择一种，不能同时选择两种。而在 After Effects 中，默认的显示方式是以图标显示，用户可在使用的过程中以自己的习惯来进行再设置。

2.1.3 任务 3：遮罩技术

1．遮罩的概念

在 After Effects 中，遮罩（Mask）就是以一个路径或轮廓图为对象建立的一个透明区域，用以显示其下层的图像。

通常而言，因为摄像机无法产生 Alpha 通道，所以使用 Alpha 通道进行合成的影片很少。而计算机是以 Alpha 通道来记录图像的透明信息，在素材不含 Alpha 通道时则需要通过遮罩来建立透明区域。After Effects 中的遮罩是以线段和控制点来构成路径，直线或曲线的两个控制点间是以线段进行连接的，控制点则定义了每个线段的开始点和结束点。路径有两种存在形式，一是开放路径，二是封闭路径。开放路径与封闭路径的区别在于开放路径有不同的开始点和结束点，而封闭路径则是连续的，没有开始点和结束点。在 After Effects 中建立透明遮罩，只能使用封闭路径。如图 2-26 所示，图 2-26a 为开放路径，其只能充当路径的功能；图 2-26b 为封闭路径，允许建立透明区域。

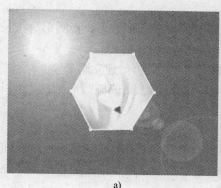
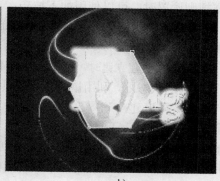

a)　　　　　　　　　　　　　　　b)

图 2-26　开放路径与封闭路径的对比

a) 开放路径　b) 封闭路径

2．遮罩的建立

遮罩即是对于开放或封闭路径的运用，在 After Effects 中，系统提供了很多种建立遮罩的方法。除了可以直接将 Photoshop 或 Illustrator 中的路径调入使用外，还可以使用工具箱中的工具在"合成图像"窗口或"层"窗口中建立遮罩。

在工具箱中，After Effects 提供了 6 种建立遮罩的工具。

1）"矩形遮罩"工具▢：通过运用此工具允许在层上创建矩形（Rectagle）遮罩。

2）"圆角矩形遮罩"工具▢：通过运用此工具允许在层上创建圆角矩形（Rounded Rectagle）遮罩。

3）"椭圆遮罩"工具▢：通过运用此工具允许在层上创建椭圆形（Oval）遮罩。

4）"多边形遮罩"工具▢：通过运用此工具允许在层上创建多边形（Polygon）遮罩。

5）"星形遮罩"工具★：通过运用此工具允许在层上创建星形（Star）遮罩。

6）"钢笔路径"工具✎：通过运用此工具允许建立开放或封闭路径，可以用来创建曲线

（Bezier）遮罩。

除上述工具可用于建立遮罩外，After Effects 还提供了对遮罩路径进行编辑的工具。

1）"选择"工具：允许在"层"窗口中通过选择和移动构成路径上的节点。

2）"路径添加节点"工具：允许在路径上增加可调整节点。

3）"路径减少节点"工具：允许在路径上删除可调整节点。

4）"路径曲率"工具：允许通过拖曳路径节点上的可调节手柄而改变路径的曲率，即弧度。

遮罩的创建通常分为规则遮罩和不规则遮罩。在 After Effects 中，一般情况下常利用工具箱上的遮罩建立工具来创建遮罩。

3．规则遮罩的建立

对于规则形状遮罩的建立，可以通过使用"矩形"工具、"圆角矩形"工具、"多边形"工具和"星形"工具来建立。建立规则遮罩的两种选择工具方式如下。

1）选择工具箱中的"矩形"工具、"圆角矩形"工具、"多边形"工具或"星形"工具。

2）在"合成图像"窗口或"层"窗口中找到目标层遮罩起始位置，按住鼠标左键，拖动手柄至结束位置，从而产生遮罩。

在建立规则遮罩时，可以使用如下技巧：

1）在利用规则形状建立遮时，按住〈Shift〉键允许建立正方形、正圆形等按长宽比例进行缩放的规则遮罩。

2）在利用规则形状建立遮时，按住〈Ctrl〉键允许以中心开始建立遮罩。

3）在选中层的状态下，利用鼠标双击工具箱中的矩形工具或椭圆形工具，可以沿层的边界以层边界的最大限度建立遮罩。

4．利用"钢笔路径"工具创建遮罩

在 After Effects 中利用"钢笔路径"工具创建遮罩是最有效且最常用的方法。通过"钢笔路径"工具，可以建立任意形状的开放或封闭的遮罩。创建遮罩后，可以结合"路径曲率"工具调整曲线路径的控制点（手柄）来修改路径。

"钢笔路径"工具创建封闭遮罩的方法如下。

1）鼠标单击选择工具箱中的"钢笔路径"工具。

2）在"时间线"窗口中选择需要创建遮罩的层，把鼠标移至需要添加遮罩的位置，单击开始创建遮罩路径。

3）使用"钢笔路径"工具建立路径时，允许直接建立曲线路径。单击产生控制点时，在不放开鼠标的状态下，按住鼠标并拖动，即可拉出在该点上两个方向手柄。手柄方向线的长度和曲线角度决定了曲线的形状，而在以后修改曲线曲率时，允许通过调节方向手柄进行调节。

4）在选择了"钢笔路径"工具并拖曳出方向手柄的状态下，鼠标移动到该手柄末端处，当鼠标变为路径曲率光标样式时，允许只对当前手柄进行调节，而另一边手柄不发生改变。

5）当绘画完成时，通过单击第一个控制点或双击最后一个控制点，即可封闭路径，得到遮罩效果。

☞提示：

所谓低效路径，指的是在以路径创建遮罩时，路径上的控制点较多，遮罩的形状也相对较精细，但却不利于修改控制点。在不影响效果的情况下，建议尽量减少路径上的控制点，以达到制作高效路径目的。

5. 以输入的数据进行遮罩的建立

对于利用"钢笔路径"工具所创建的路径遮罩，是无法通过输入数据的方式进行建立的。根据数据建立遮罩，只能适用建立规则形状的遮罩，如矩形、圆形等。

1）选择需要建立遮罩的目标层，执行菜单"Layer"→"Mask"→"New Mask"命令或按〈Ctrl+Shift+N〉组合键，系统即沿层的边缘自动建立一个矩形遮罩。

2）在选择该遮罩的状态下，执行菜单"Layer"→"Mask"→"Mask Shape"命令或按〈Ctrl+Shift+M〉组合键，即会弹出"Mask Shape（遮罩形状）"对话框，如图 2-27 所示。

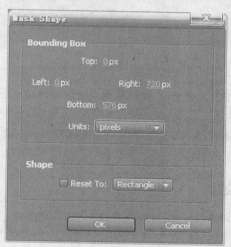

图 2-27 "Mask Shape（遮罩形状）"对话框

3）除了允许在"Bounding Box"栏中指定遮罩的边角尺寸和位置外，在"Shape"栏中的"Reset To"选项的下拉列表中，可以选择"Rectangle（矩形）"或"Ellipse（椭圆形）"遮罩。

4）完成设置后，单击"OK"按钮退出。

☞**提示：**

在选择遮罩的状态下，除了允许通过执行菜单命令外，还允许用鼠标右键单击该遮罩，在弹出的菜单中选择"操作"命令。

此外，除系统自带的创建路径方法外，After Effects 还允许从其他软件中引入路径供其使用，如 Photoshop、Illustrator 等软件。还有更多关于遮罩的调整与编辑操作，有待用户慢慢体会。

2.2　实例应用：文字过光特效

2.2.1　技术分析

本节主要学习 Mask 遮罩功能、Glow 特效、Wave Warp 特效和 Lens Flare 特效，然后应用这些知识完成文字过光特效的制作。

制作过程为：先导入背景素材，再创建文字层，制作遮罩动画，然后给文字添加 Glow 特效和 Wave Warp 特效，最后使用 Lens Flare 特效制作过光效果，完成本案例的制作，最终动画效果如图 2-28 所示。

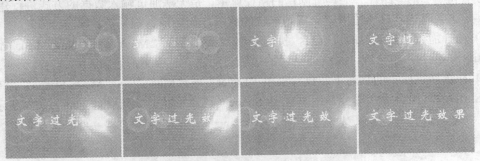

图 2-28　最终实例动画效果

【动画文件】可以打开随书光盘中"案例效果"→"CH02"→"2.1 实例应用：文字过光特效.wmv"文件观看动画效果。

【工程文件】保存在随书光盘"源文件"→"CH02"→"2.2 实例应用：文字过光特效"中。

2.2.2　导入素材并输入文字

1）运行 After Effects CS4 软件，执行菜单"File"→"Import"→"File"命令或按〈Ctrl+I〉组合键，选择随书光盘"案例素材"→"CH02"→"2.2 文字过光特效素材.psd"，在命令或按"项目"窗口将"2.2 文字过光特效素材.psd"拖动到"创建新合成"按钮 上，创建合成，如图 2-29 所示。

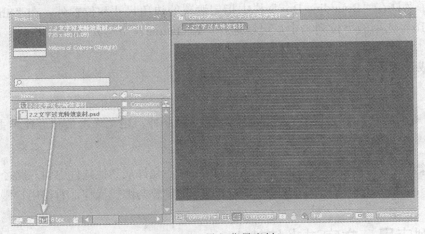

图 2-29　导入背景素材

2）执行菜单"Layer"→"New"→"Text"命令或按〈Ctrl+Alt+Shift+T〉组合键，新建一个文字层，在"合成"窗口中输入"文字过光效果"，在"Character"面板中选择字体为"STXinwei"，字号设置为"90px（像素）"，字体颜色设置为白色，如图 2-30 所示。

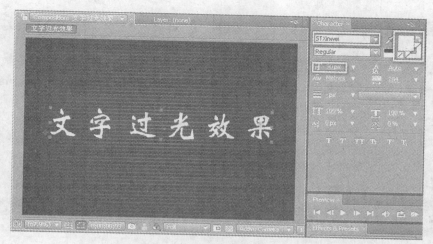

图 2-30　文字的输入与设置

2.2.3　动画设置

1）选中"文字过光效果"层，使用工具栏中的"矩形遮罩"工具或按〈Q〉键，绘制遮罩矩形。展开时间线中"文字"层里"Mask"下的"Mask 1"选项，打开"Mask Path"前面的关键帧记录器，在 0 秒处插入一个关键帧，如图 2-31 所示。

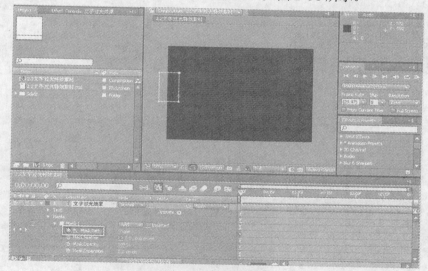

图 2-31　Mask 动画设置

2）把时间指示器移至"0:00:02:08"位置，选择工具栏中的"选择"工具或按〈V〉键，在"合成"窗口中选择"Mask 1"右边的两个点，并将其移动到右边位置，在时间指示器所处的位置会自动生成关键帧，如图 2-32 所示。按小键盘〈0〉键可预览动画效果，如图 2-33 所示。

3）选中"文字过光效果"层，按〈Ctrl+D〉组合键复制出"文字过光效果 2"文字层，展开时间线中"文字过光效果 2"层里"Masks"下的"Mask 1"选项，移动时间指示器到 0 秒处重新单击"Mask Path"前面的关键帧记录器，创建关键帧，如图 2-34 所示。

图 2-32　Mask 动画设置 1

图 2-33　预览效果

图 2-34　Mask 动画设置 2

4）把时间指示器移至"0:00:01:29"位置，选择工具栏中的"选择"工具  或按〈V〉键，在"合成"窗口中选中"Mask 1"并进行移动，移动时按〈Shift〉键，将其移动到右边位置，如图 2-35 所示。

图 2-35 Mask 动画设置 3

☞提示：

在移动"Mask"的过程中，可按〈Shift〉键，以限制〈Mask〉遮罩平行移动。

2.2.4 文字层添加特效

1）选中"文字过光效果 2"层，执行菜单"Effect"→"Stylize"→"Glow"命令，给"文字过光效果 2"层添加发光效果，在 Glow 特效属性中设置"Glow Threshold"为"26.3%"，"Glow Radius"设置为"100.0"，"Glow Intensity"设置为"4.0"，"Glow Colors"模式选择为"A&B Colors"，"Color Looping"选项中选择"Sawtooth B>A"，"Color A"颜色设置为绿色，"Color B"的颜色设置为红色。如图 2-36 所示。

图 2-36 设置 Glow 特效

2）执行菜单"Effect"→"Distort"→"Wave Warp"命令，在 Wave Warp 特效中设置"Wave Height"为"50"，"Wave Width"设置为"50"，"Direction"设置为"0x+0.0°"，"Wave Speed"设置为"0.0"，"Pinning"选择为"Left Edge"。如图 2-37 所示。

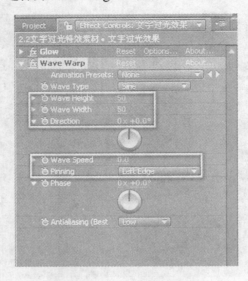

图 2-37　设置 Wave Warp 特效

3）展开时间线中"文字过光效果 2"层里"Effect"下的"Wave Warp"的特效属性，拖动时间指示器到 0 秒位置，打开"Direction"和"Phase"前面的关键帧记录器，创建关键帧，如图 2-38 所示。

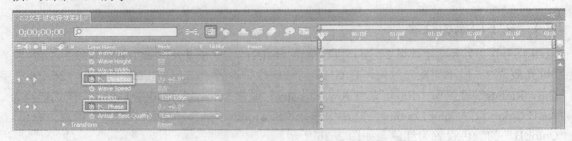

图 2-38　Wave Warp 动画设置 1

4）把时间指示器移至"0:00:01:29"位置，"Direction"设置为"4x+0.0°"，"Phase"设置为"5x+0.0°"，如图 2-39 所示。按小键盘中的〈0〉键预览效果，如图 2-40 所示。

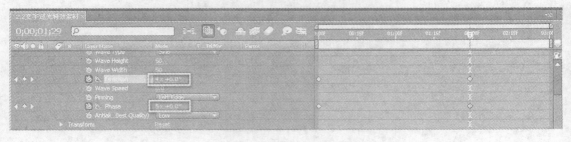

图 2-39　Wave Warp 动画设置 2

图 2-40　预览效果

2.2.5　制作镜头光晕效果

1）执行菜单"Layer"→"New"→"Solid"命令或按〈Ctrl+Y〉组合键，弹出"Solid Settings（创建固态层）"窗口，给固态层命名为"镜头光晕"，"Width"设置为"720px"，"Height"设置为"480px"，"Units"选择为"pixels"，"Pixel Aspect Ratio"选择为"D1/DV PAL（1.09）"，"Color"设置为黑色，单击"OK"按钮完成固态层的创建，如图 2-41 所示。

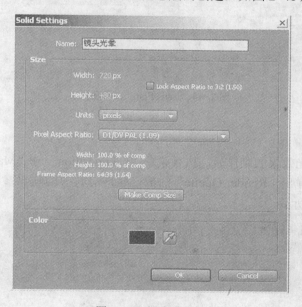

图 2-41　新建固态层

2）在选中"镜头光晕"的状态下，执行菜单"Effect"→"Blur& Sharpen"→"Lens Flare"命令，设置"Flare Center"为"88.0，246.0"，如图 2-42 所示。

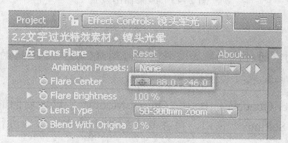

图 2-42　设置 Lens Flare 特效

3）把时间指示器移至"0:00:00:04"位置，设置"镜头光晕"层的模式为"Add"，展开时间线中"Effect"下的"Lens Flare"特效属性，单击"Flare Center"前面关键帧记录器，创建关键帧，如图 2-43 所示。把时间指示器移至"0:00:02:06"位置，设置"Flare Center"为"806.0，240.0"，如图 2-44 所示。

图 2-43　Lens Flare 动画设置 1

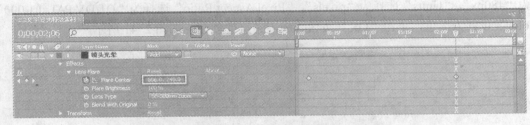

图 2-44　Lens Flare 动画设置 2

2.2.6　渲染输出

1）完成文字过光效果的制作后，执行菜单"Composition"→"Make Movie"命令或按〈Ctrl+M〉组合键，弹出"Render Queue"面板，允许对其中的输出参数以及输出路径等进行设置，如图 2-45 所示。

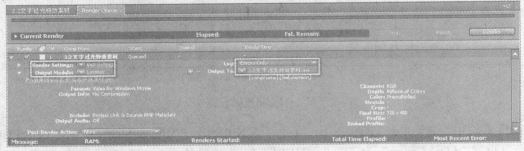

图 2-45　渲染输出设置 1

☞提示：

在执行输出操作时，所对应的输出文件为"时间线"窗口中当前的合成，可也在"Render Queue"面板中选择其他合成进行输出。

2）在单击"Render Queue"面板中"Output Moduler"选项后面的"Lossless"选项后，弹出"Output Module Settings"窗口，可在其中对输出格式等参数进行选择设置，如图 2-46 所示。

图 2-46　渲染输出设置 2

3）完成所有输出设置后，鼠标单击"Render Queue"面板后方的"Render"按钮，即可对合成进行输出，如图 2-47 所示。最终动画效果如图 2-48 所示。

图 2-47　输出

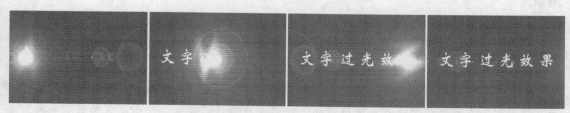

图 2-48　预览最终效果图

2.3 实例应用：书法艺术——毛笔书写特效

2.3.1 技术分析

本案例主要运用 Vector Paint 插件来完成毛笔书法特效的制作。

制作过程为：先建立文字图层，再创建新层，以文字作为参考而应用 Vector Paint 插件，设置笔触的大小，以一笔结尾的方式画出文字所处位置的书法书写动画效果，然后结合载入文字路径对插件进行调整设置，从而得到手写书法文字效果。最终效果如图 2-49 所示。

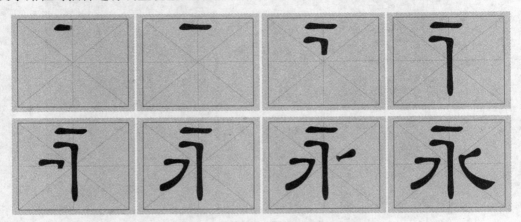

图 2-49　最终实例动画效果

【动画文件】可以打开随书光盘"案例效果" → "CH02" → "2.3 实例应用：书法艺术——毛笔书写特效.wmv"文件观看动画效果。

【工程文件】保存在随书光盘"源文件" → "CH02" → "2.3 实例应用：书法艺术——毛笔书写特效"中。

2.3.2 创建文字层

1）打开 After Effects CS4 软件，执行菜单"Composition" → "New Composition"命令或按〈Ctrl+N〉组合键，弹出"新建合成"窗口，在"Composition Name"处输入合成名称为"毛笔书法文字效果"，选择"Preset"为"PAL D1/DV"制式，其默认值为"720×576"，"Pixel Aspect Ratio"选择为"D1/DV PAL（1.09）"，"Frame Rate"默认为"25"，"Resolution"选择为"Full"，"Duration"时间设置为"0:00:10:00"，最后单击"OK"按钮完成新合成的创建，如图 2-50 所示。

2）创建合成图像后，在"项目"窗口中则生成一个名"毛笔书法文字效果"的合成，在"合成"窗口下方"Full"下拉列表中选择改变其质量为"Quarter"，如图 2-51 所示。

☞提示：

在完成合成的创建后，允许在"合成"窗口下方对其质量的高低进行改变设置。当设置为高质量时，在制作中显示动画速度过缓，但显示质量好、像素高；当设置为低质量时，在制作中显示动画速度则加快，但显示质量降低。

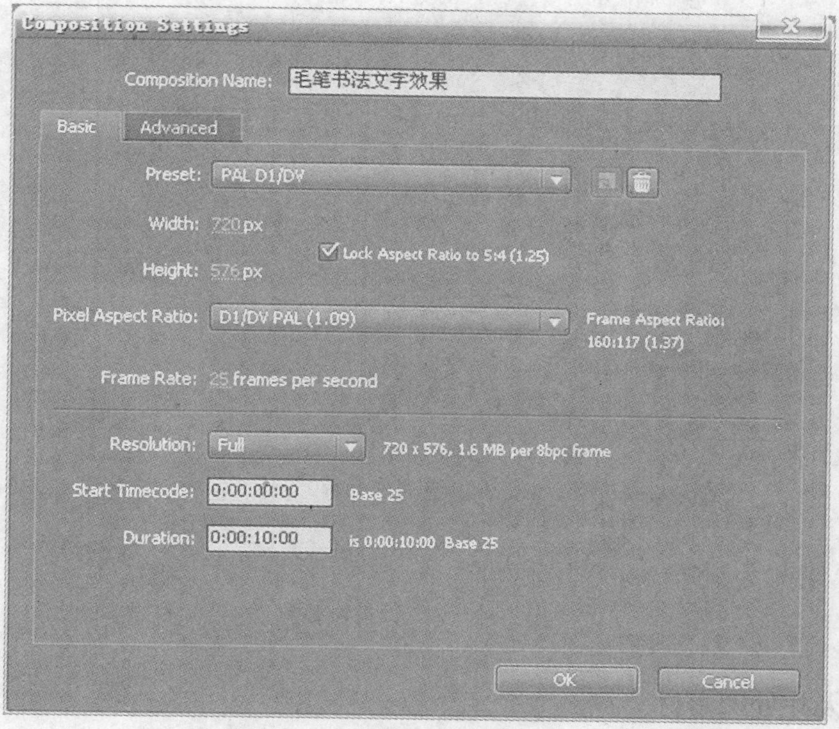

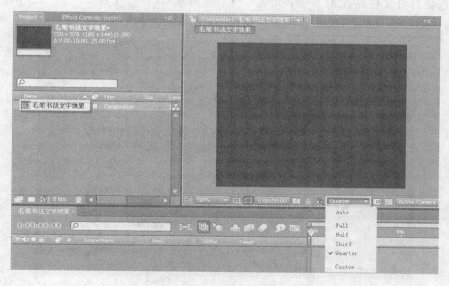

图 2-50 "新建合成"窗口

图 2-51 设置低质量

3）鼠标单击选择工具箱中的"文字"工具 T 或按〈Ctrl+T〉组合键，会自动弹出"Character"面板。鼠标左键单击"合成"窗口，出现输入文字光标，在其中输入"永"字，然后在"Character"面板中设置字体为"FZLiBian-S02T"，字号的大小设置为"400px"，如图 2-52 所示。

图 2-52　输入并设置文字

2.3.3　导入并处理素材

1）执行菜单"File"→"Import"→"File"命令或按〈Ctrl+I〉组合键，弹出"Import File"对话框，选择打开文件路径为"随书光盘"→"案例素材"→"CH02"→"2.3 米格纸.jpg"素材文件，打开的素材文件位于"项目"窗口中，如图 2-53 所示。

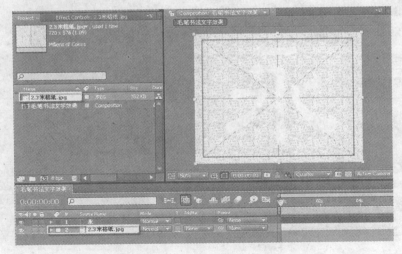

图 2-53　导入并设置背景素材

☞提示：

可通过鼠标双击"项目"窗口空白处，弹出"Import File"对话框，从中选择文件并打开文件。

2）利用鼠标将素材拖至"时间线"窗口中，生成一个素材层，把素材层拖放于文字层的下面，如图 2-54 所示。

图 2-54　导入素材图片至"时间线"窗口

3）选择工具箱中的"选择"工具 或按〈V〉键，在选择"2.3 米格纸.jpg"层的状态下，在"合成"窗口中对图片的大小和位置进行适当的调整，在调整的过程中，结合〈Shift〉键可按比例进行缩放，得到效果如图 2-55 所示。

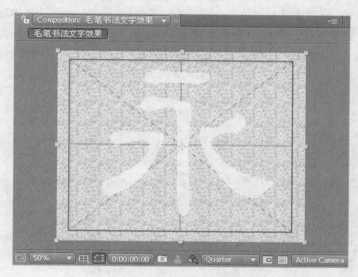

图 2-55　素材设置完成后的效果

2.3.4　书写过程动画设置

1）选择"2.3 米格纸.jpg"层，执行菜单"Effect"→"Paint"→"Vector Paint"命令，给"2.3 米格纸.jpg"层添加 Vector Paint 特效，然后在"Effect Controls"面板中显示"Vector Paint"参数设置，在其"Brush Settings"选项中的"Radius"设置为"40.0"，"Color"设置为黑色，"Playback Mode"选项选择为"Animate Strokes"模式，"Playback Speed"设置为"1.90"，在"合成"窗口左侧工具箱处选择画笔工具，利用鼠标在选择"2.3 米格纸.jpg"层的状态下在"合成"窗口中根据文字层的文字，画出可以覆盖文字的笔画，如图 2-56 所示。

☞提示：

　　设置"Playback Mode"为"Animate Strokes"模式即是动画模式，在动画模式的状态下，时间线上的时间指示器处于第 1 秒的时候是动画的起始，此处设置动画的结束为第 8 秒时间，需要把时间指示器拖到第 8 秒时间后，再对"Playback Speed"选择中的参数进行调整，使得在第 8 秒时间刚好完成笔画。

图 2-56　添加特效且手写文字

2）在"时间线"窗口中选择"永"字文字层，执行菜单"Layer"→"Create Masks from Text"命令，载入文字路径，生成一个名为"永 Outlines"层，以文字的每一笔不相连的笔画为一组路径进行载入，如图 2-57 所示。其路径效果在"合成"窗口中的显示如图 2-58 所示。

图 2-57　载入文字路径

图 2-58　载入的文字路径效果

3）在"项目"窗口中选择"毛笔书法文字效果"合成，利用鼠标将其拖曳到"项目"窗口下方的"创建新合成"按钮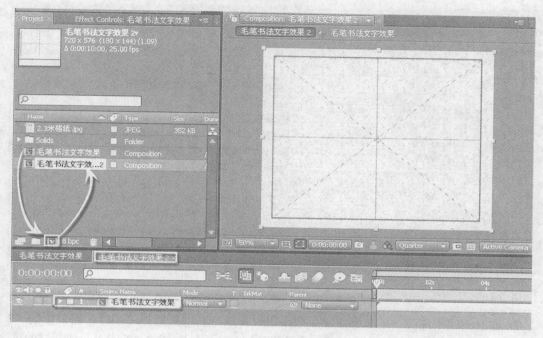上，新创建一个名为"毛笔书法文字效果2"的合成。新创建的"毛笔书法文字效果2"合成包含了"毛笔书法文字效果"合成中所有的设置内容，即在时间线上以一个层的形式表现，如图2-59所示。

图2-59　创建新合成

4）在"时间线"窗口中切换至"毛笔书法文字效果"合成中，展开"永Outlines"层中的"Masks"路径，复选其中的所有路径，如图2-60所示，然后按〈Ctrl+C〉组合键进行复制。

图2-60　选择并复制文字路径

5）再切换至"毛笔书法文字效果 2"合成中，选中"毛笔书法文字效果"层，按〈Ctrl+V〉组合键把路径粘贴到层中，得到层的效果如图 2-61 所示。此时，在"合成"窗口中的显示则如图 2-62 所示。

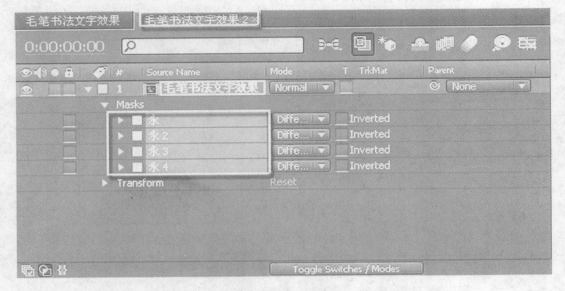

图 2-61　粘贴文字路径

6）在时间线上选择"毛笔书法文字效果 2"合成，利用鼠标把"项目"窗口中的"2.3米格纸.jpg"素材图片拖至"毛笔书法文字效果"层的下面，如图 2-63 所示。使素材的纸张样式置于文字的下面并作为背景，得到的效果如图 2-64 所示。

图 2-62　合成效果

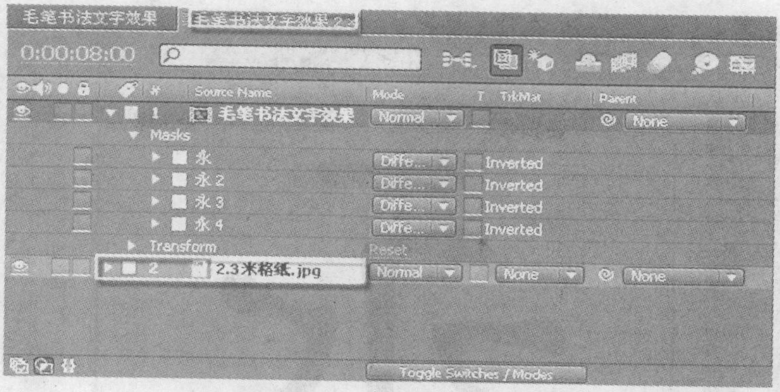

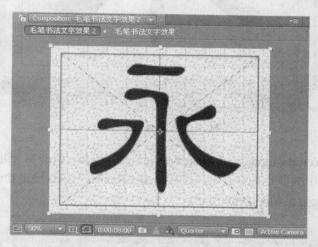

图 2-63　拖放素材至"毛笔书法文字效果 2"合成层中

图 2-64　拖放素材到"毛笔书法文字效果 2"合成层中的效果

7）再切换至"毛笔书法文字效果"合成中，鼠标单击"永"字文字层和"永 Outlines"层前面的"显示／隐藏"按钮，把"永"字文字层和"永 Outlines"层隐藏起来，如图 2-65所示。然后切换至"毛笔书法文字效果 2"合成中，在"合成"窗口下方把质量设置为最高质量的"Full"，得到的最终效果，如图 2-66 所示。

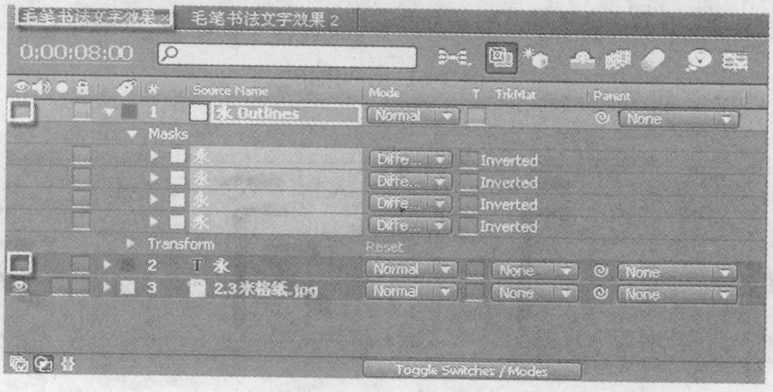

图 2-65　隐藏层

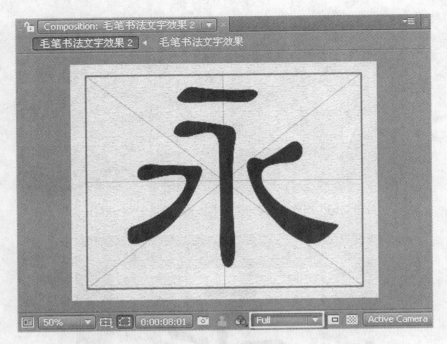

图 2-66 最终完成效果

8）执行菜单"Composition"→"Make Movie"命令或按〈Ctrl+M〉组合键，弹出"Render Queue"面板，对其中的参数进行设定，然后单击"Render"按钮输出动画，如图 2-67 所示。得到的最终分解动画效果如图 2-68 所示。

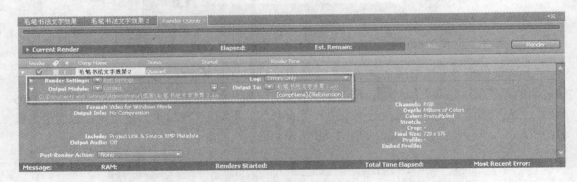

图 2-67 渲染输出

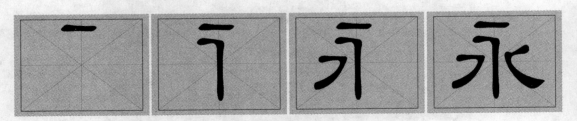

图 2-68 最终分解动画效果

2.4　拓展训练：飞舞文字特效

2.4.1　技术分析

本节主要学习使用路径、Ramp 特效、Path Text 特效和 Directional Blur 特效，完成飞舞文字特效的制作。

制作过程为：先运用 Ramp 特效制作背景，再绘制路径，然后运用 Path Text 特效创建文字，最后给文字添加 Directional Blur 特效，制作出飞舞文字的效果，最终效果如图 2-69 所示。

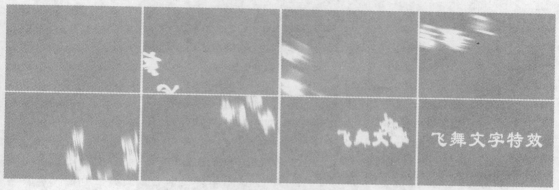

图 2-69　预览动画效果

【动画文件】可以打开随书光盘中"案例效果"→"CH02"→"2.4 实例应用：飞舞文字特效.wmv"文件观看动画效果。

【工程文件】保存在随书光盘"源文件"→"CH02"→"2.4 拓展训练：飞舞文字特效"中。

2.4.2　背景制作

1）运行 Adobe After Effects CS4 软件，执行菜单"Composition"→"New Composition"命令或按〈Ctrl+N〉组合键，弹出"新建合成"窗口，把合成命名为"飞舞文字效果"，"Preset"选择"Custom"制式，"Width"设置为"720px"，"Height"设置为"480px"，"Pixel Aspect Ratio"选择为"D1/DV PAL（1.09）"，"Frame Rate"为"25"，"Resolution"选择"Full"，"Duration"设置为"0:00:08:00"，如图 2-70 所示。

2）执行菜单"Layer"→"New"→"Solid"命令或按〈Ctrl+Y〉组合键，弹出"创建固态层"窗口，给固态层命名为"背景"，"Width"设置为"720px"，"Height"设置为"480px"，"Units"选择为"pixels"，"Pixel Aspect Ratio"选择为"D1/DV PAL（1.09）"，"Color"设置为黑色，单击"OK"按钮完成固态层的创建，如图 2-71 所示。

3）选中"背景"层的状态下，执行菜单"Effect"→"Generate"→"Ramp"命令，打开"Effect Controls"面板，将"End of Ramp"设置为"640.0,436.0"，"End Color"颜色设置为"R:86，G:0:B:0"，如图 2-72 所示。设置 Ramp 特效后的效果如图 2-73 所示。

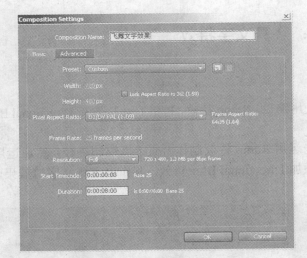

图 2-70　新建合成

图 2-71　新建固态层

图 2-72　设置 Ramp 特效

图 2-73　Ramp 效果图

2.4.3　创建文字层

1）执行菜单"Layer"→"New"→"Solid"命令或按〈Ctrl+Y〉组合键，弹出"创建固态层"窗口，给固态层命名为"文字"，其他参数与上述所创建的固态层参数相同，单击"OK"按钮完成固态层的创建，如图 2-74 所示；选择工具栏中的"钢笔"工具 或按〈G〉键，绘制出路径，如图 2-75 所示。

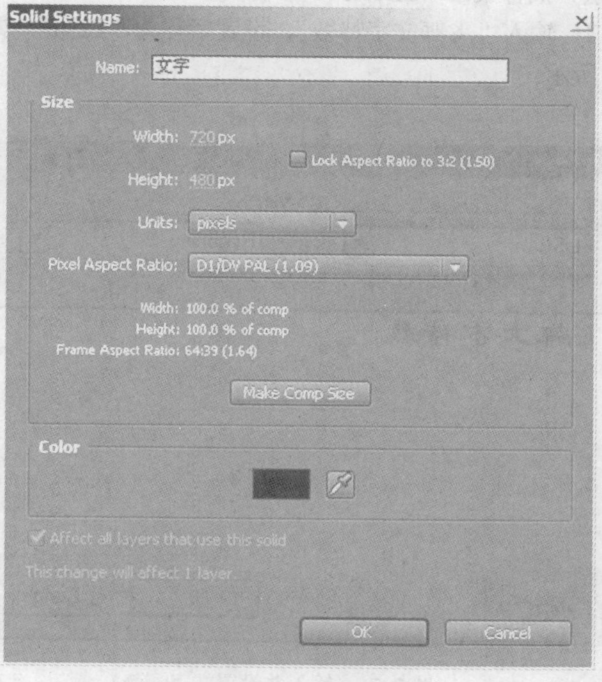

图 2-74　新建固态层

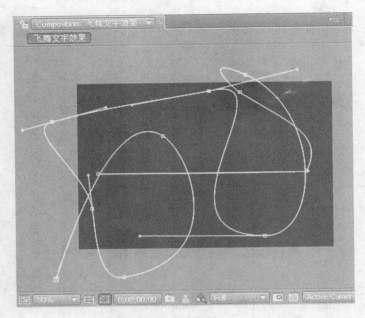

图 2-75　绘制路径

☞提示：

　　按住〈Alt〉键，指针选中锚点或调节线段时从钢笔工具切换到路径曲率工具，都可以对路径进行适当调节。

　　2）选中"文字"层，执行菜单"Effects"→"Obsolete"→"Path Text"命令，弹出"Path Text（路径文本）"窗口，输入"飞舞文字特效"，设置字体为"LiSu"，如图 2-76 所示。输入文字的效果如图 2-77 所示。

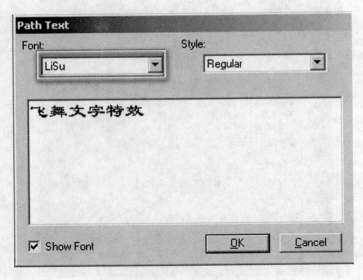

图 2-76　输入并设置文字

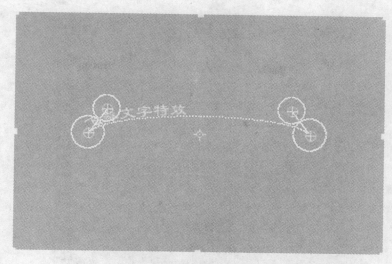

图 2-77　文字效果

3）在"Effect Controls"面板中，将"Custom Path"选项选择为"Mask1"，并勾选"Reverse Path"，"Fill Color"颜色值为"R:239，G:255，B:0"，"Size"设置为"100"，如图 2-78 所示。将"Horizontal She"设置为"2.10"，"Vertical Scale"设置为"135.00"，"Left Margin"设置为"4500.00"，"Baseline Jitter Max"设置为"198.00"，"Kerning Jitter Max"设置为"229.00"，"Rotation Jitter Max"设置为"226.00"，"Scale Jitter"设置为"153.00"，如图 2-79 所示。

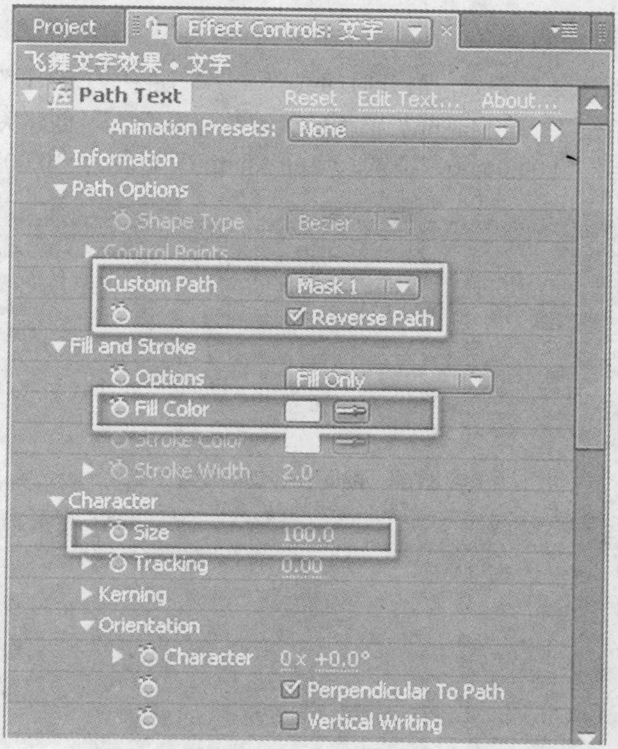

图 2-78　设置 Path Text 特效 1

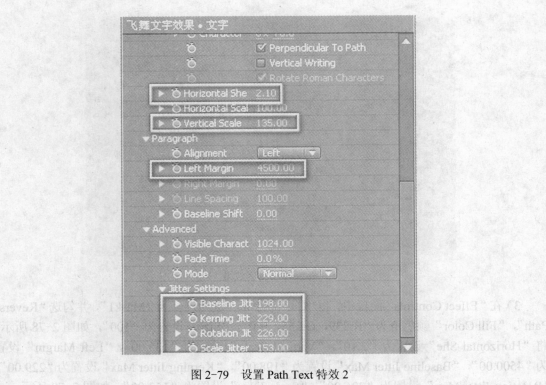

图 2-79 设置 Path Text 特效 2

2.4.4 设置飞舞动画

1）时间线指示器移至 0 秒处，展开时间线"文字"层中"Effects"下"Path Text"的"Paragraph"属性，单击"Left Margin"前面的关键帧记录器 ，创建关键帧，如图 2-80 所示。把时间指示器移至"0:00:06:00"位置，"Left Margin"设置为"0.00"，如图 2-81 所示。

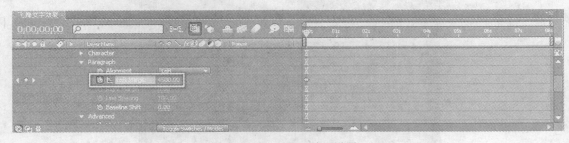

图 2-80　Path Text 动画设置 1

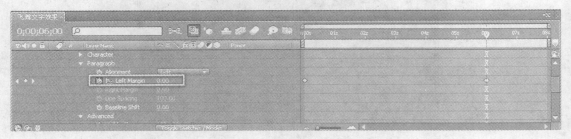

图 2-81　Path Text 动画设置 2

2）时间指示器移至 0 秒处，展开时间线"Advanced"下的"Jitter Setting"属性，分别单击"Baseline Jitter"、"Kerning Jitter Max"、"Rotation Jitter Max"和"Scale Jitter Max"前面的关键帧记录器🎬，创建关键帧，如图 2-82 所示。

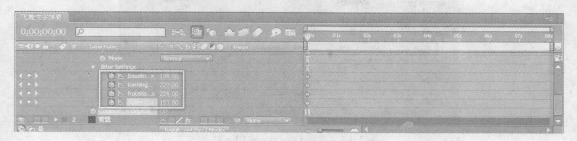

图 2-82　Path Text 动画设置 1

3）把时间指示器移至"0:00:06:00"位置，将"Baseline Jitter Max"、"Kerning Jitter Max"、"Rotation Jitter Max"、"Scale Jitter"都设置为"0.00"，如图 2-83 所示。按小键盘〈0〉键预览动画效果，如图 2-84 所示。

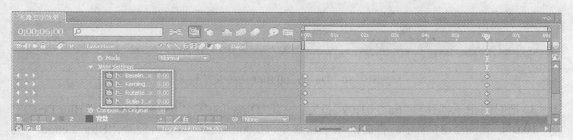

图 2-83　Path Text 动画设置 2

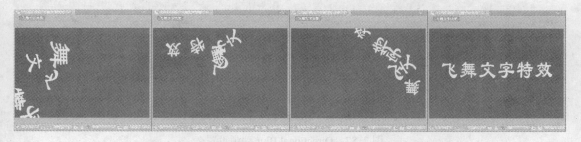

图 2-84　预览 Path Text 动画效果

2.4.5　设置 Directional Blur 特效与动画

1）选中"文字"层，执行菜单"Effect"→"Blur & Sharpen"→"Directional"命令，在"Effect Controls"面板中"Direction"设置为"0x+35.0°"，"Blur Length"设置为"20.0"，如图 2-85 所示。

2）时间指示器移至 0 秒处，展开时间线"Effect"下的"Directional Blurt"选项，分别单击"Direction"与"Blur Length"前面的关键帧记录器🎬，创建关键帧，如图 2-86 所示。

图 2-85　设置 Directional Blur 特效

图 2-86　Directional Blur 动画设置 1

3）把时间指示器移至"0:00:01:09"位置，设置"Direction"为"0x+153.0°"，"Blur Length"为"10.0"，如图 2-87 所示。把时间指示器移至"0:00:01:27"位置，设置"Blur Length"为"100.0"，如图 2-88 所示。

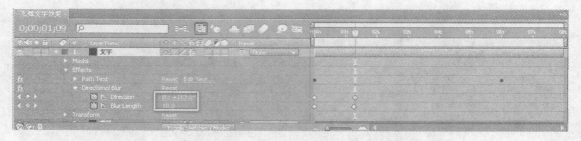

图 2-87　Directional Blur 动画设置 2

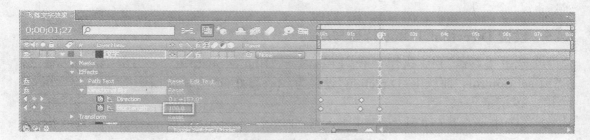

图 2-88　Directional Blur 动画设置 3

4）把时间线指示器至"0:00:02:28"位置，将"Direction"设置为"0x+90.0°"，如图 2-89 所示。把时间指示器移至"0:00:03:19"位置，将"Direction"设置为"0x+169.0°"，如图 2-90 所示。

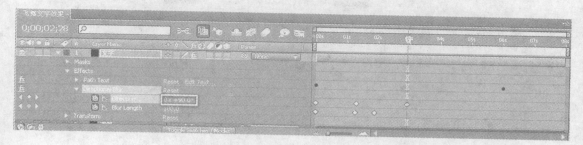

图 2-89　Directional Blur 动画设置 4

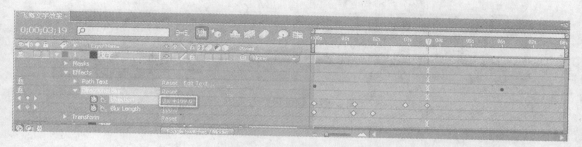

图 2-90　Directional Blur 动画设置 5

5）把时间指示器移至"0:00:05:09"位置，将"Blur Length"设置为"50.0"，如图 2-91 所示。把时间指示器移至"0:00:06:00"位置，将"Blur Length"设置为"0.0"，如图 2-92 所示。

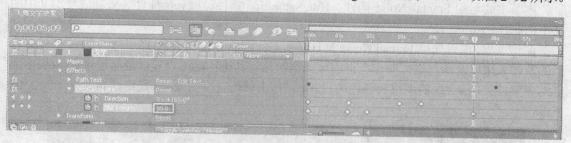

图 2-91　Directional Blur 动画设置 6

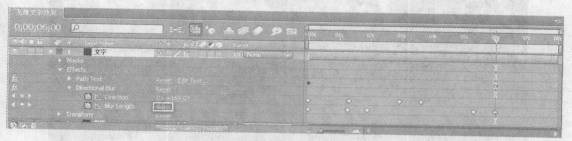

图 2-92　Directional Blur 动画设置 7

6）完成动画设置后，执行菜单"Composition"→"Make Movie"命令或按〈Ctrl+M〉

组合键，弹出"Render Queue"面板，允许对其中的输出参数以及输出路径等进行设置，如图 2-93 所示。最终动画效果如图 2-94 所示。

图 2-93　渲染输出设置

图 2-94　预览最终效果图

2.5　拓展训练：梦幻中的文字

2.5.1　技术分析

本节主要运用 Fractal Noise 插件、Hue/Saturation 插件、Levels 插件等来完成梦幻文中的文字的制作。

制作过程为：首先以 Fractal Noise 插件结合 Gaussian Blur 插件和 Hue/Saturation 插件对背景的梦幻效果以及颜色进行制作；再添加关键帧并对其进行动画设置；最后通过对 Levels 插件的调整设置，结合层的调整和颜色的设置，制作出梦幻文字的效果。最终动画效果如图 2-95 所示。

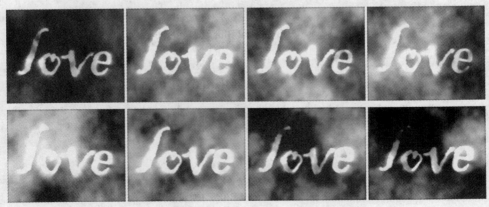

图 2-95　最终动画效果

【动画文件】可以打开随书光盘"案例效果"→"CH02"→"2.5 拓展训练：梦幻中的文字.wmv"文件观看动画效果。

【工程文件】保存在随书光盘"源文件"→"CH02"→"2.5 拓展训练：梦幻中的文字"中。

2.5.2　制作梦幻背景

1）打开 After Effects CS4 软件，执行菜单"Composition"→"New Composition"命令或按〈Ctrl+N〉组合键，弹出"新建合成"窗口，将文件命名为"背景"，选择"Preset"为"PAL D1/DV"制式，默认的大小比例设置为"720px"与"576px"，"Pixel Aspect Ratio"选择为"D1/DV PAL（1.09）"，"Frame Rate"设置为默认的"25"，"Resolution"选择为"Full"，"Duration"时间设置为"0:00:10:00"，如图 2-96 所示。

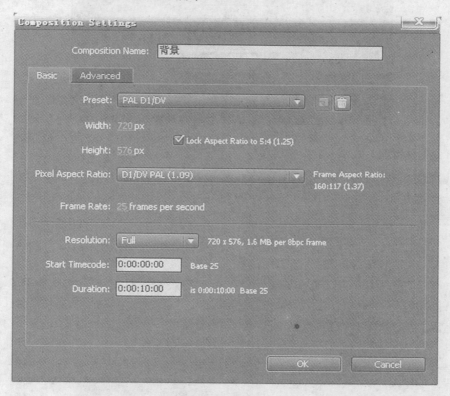

图 2-96　新建合成

2）执行菜单"Layer"→"New"→"Solid"命令或按〈Ctrl+Y〉组合键，弹出"创建固态层"窗口，将层的名字命名为"梦幻背景"，大小比例保持默认即可，"Units"选择为"Pixels"，"Pixel Aspect Ratio"选择为"D1/DV PAL（1.09）"，设置颜色为白色，如图 2-97 所示。

3）在"时间线"窗口中选择"梦幻背景"层，执行菜单"Effect"→"Noise & Grain"→"Fractal Noise"命令，给层添加特效。在"特效控制"面板中展开"Fractal Noise"特效属性，勾选其中的"Invert"选项，将"Brightness"选项设置为"-20.0"，"Overflow"选择为"Wrap Back"，"Scale"设置为"600.0"，其他参数保持默认，如图 2-98 中①处所示。完成 Fractal Noise 插件参数设置后，得到的效果如图 2-98 中②处所示。

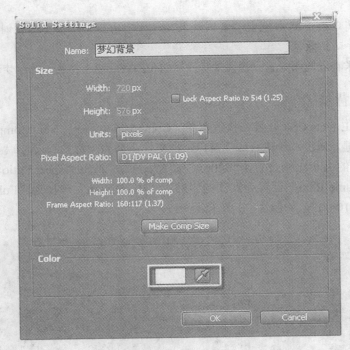

图 2-97 新建层

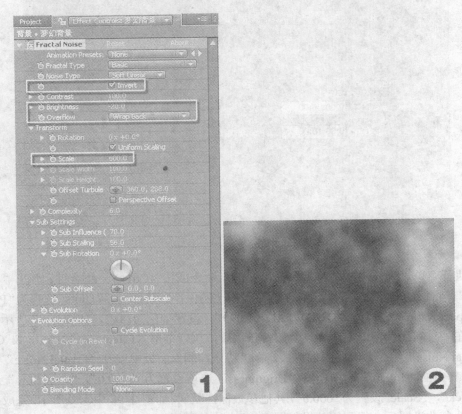

图 2-98 添加并设置 Fractal Noise 插件

4）在"时间线"窗口中展开 Fractal Noise 插件属性，把时间指示器拖动到 0 秒位置，分别打开"Contrast"、"Rotation"和"Evolution"选项前面的关键帧记录器，参数保持为默认的设置，如图 2-99 中①处所示。再把时间指示器拖至最后，即第 10 秒位置上，设置"Contrast"选项为"150.0"，"Rotation"选项为"0x+10.0°"，"Evolution"选项为"2x+0.0°"，如图 2-99 中②处所示。完成关键帧的设置后，得到的动画效果如图 2-100 所示。

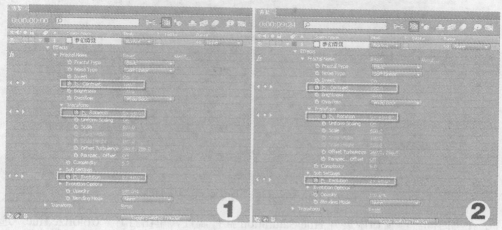

图 2-99　关键帧设置

图 2-100　Fractal Noise 插件动画效果

5）在选择"梦幻背景"层的状态下，执行菜单"Effect"→"Blur & Sharpen"→"Gaussian Blur"命令，给层添加 Gaussian Blur 插件特效，设置"Blurriness"为"10.0"，使得背景的云彩变为模糊效果，如图 2-101 所示。

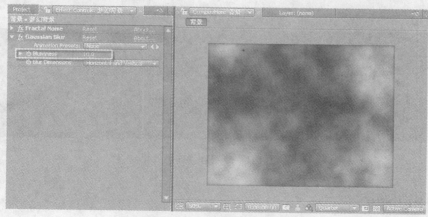

图 2-101　添加并设置 Gaussian Blur 插件

6）再执行菜单"Effect"→"Color Correction"→"Hue/Saturation"命令，给层添加该插件。在 Hue/Saturation 插件属性设置下勾选"Colorize"选项，设置"Colorize Saturation"选项为"50"，如图 2-102 所示。

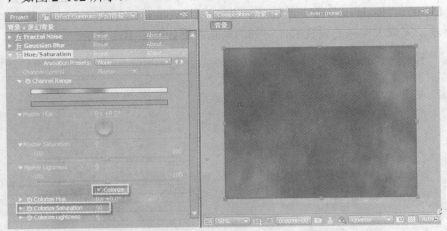

图 2-102　添加并设置 Hue/Saturation 插件

7）在"时间线"窗口中展开 Hue/Saturation 插件属性，单击打开"Colorize Hue"选项前面的关键帧记录器，在第 0 秒时间设置的参数为"0x+0.0°"；然后拖动时间指示器至"0:00:02:00"位置，再调整参数为"0x+50.0°"；以此类推，每相隔两秒以 50.0°的递增设置其参数，如图 2-103 所示。完成关键帧的设置后，按数字键盘上的〈0〉键进行预览，得到的动画效果如图 2-104 所示。

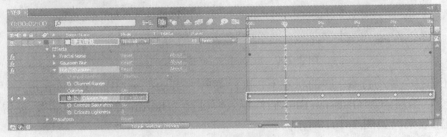

图 2-103　设置关键帧

图 2-104　梦幻背景动画效果

2.5.3　文字层创建

1）在"项目"窗口中选择"背景"合成，将其拖到"项目"窗口下方的"创建新合成"按钮上，得到一名为"背景2"的新合成。选择"背景2"合成后，按〈Enter〉键将合成名称更改为"文字设置"，然后在"时间线"窗口中用"背景"合成生成一个新层，如图2-105所示。

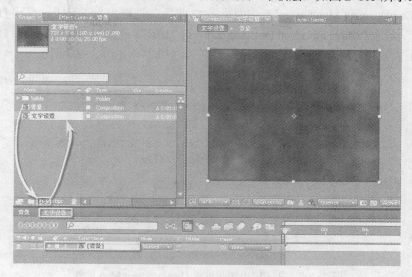

图2-105　创建新合成

☞提示：

　　若需要更改层或合成的名称，必须要在选中需要修改的层或合成的状态下，按〈Enter〉键对层或合成的名称进行更改。

　　2）在处于编辑"文字设置"合成的状态下，鼠标单击工具栏中的文字工具或按〈Ctrl+T〉组合键，然后在"合成"窗口中输入英文字母"love"，再在弹出的"Character"面板中选择字体为"Blackadder ITC"，设置字号为"500px"，文字颜色设置为白色，如图2-106所示。

图2-106　输入并设置文字

3）完成文字的输入设置后，在"时间线"窗口中生成一个以"love"命名并处于"背景"层上面的文本层。再执行菜单"Effect"→"Distort"→"Displacement Map"命令，给文字层添加置换插件，在"Displacement Map Layer"选项中选择"2.背景"，选择"Use For Horizontal Displacement"为"Lightness"，设置"Max Horizontal Displacement"为"10.0"，选择"Use For Vertical Displacement"为"Lightness"，设置"Max Vertical Displacement"为"10.0"，如图2-107所示。

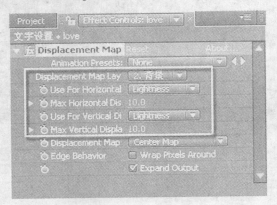

图2-107　文字层添加并设置Displacement Map插件

4）切换至"项目"窗口中，选择"背景"合成，将其拖放到"时间线"窗口中"文字设置"合成的"背景"层与"love"层的中间，然后在其轨道蒙版中选择'Alpha Matte "love"'，文字层即会自动进行隐藏。再单击第三层"背景"层前面的"显示/隐藏"按钮，隐藏第三层，如图2-108所示。完成设置后，得到的效果如图2-109所示。

图2-108　拖入合成并设置轨道蒙板

图2-109　文字效果

☞提示：

当在两层之间或上面插进层的时候，后面层的序号会根据层的位置而进行自动更改。

2.5.4 梦幻动画设置

1）在"项目"窗口中选择"文字设置"合成，将其拖到"项目"窗口下方的"创建新合成"按钮■上，创建新合成并更改合成的名称为"合成"，在"时间线"窗口中以"文字设置"合成作为层，如图 2-110 所示。

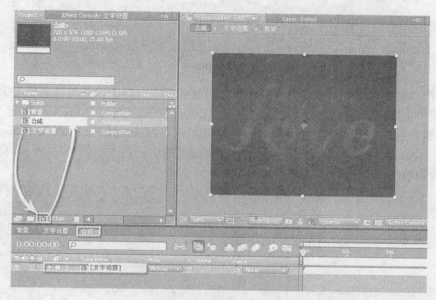

图 2-110　创建新合成

2）选中"文字设置"层，执行菜单"Effect"→"Color Correction"→"Levels"命令，对层进行色阶调整。设置"Input White"为"100.0"，"Gamma"为"1.00"，"Output Black"为"12.0"，"Output White"为"255.0"，其他参数选项保留默认值，如图 2-111 所示。

图 2-111　添加并设置 Levels 插件

3）在"项目"窗口中把"背景"合成拖到"时间线"窗口的"合成"合成中，作为第二层，并把第一层的"文字设置"层的模式更改为"Add"，如图2-112所示。

图2-112　图层设置

4）再把"文字设置"合成拖到"合成"的"时间线"窗口中，并将其调整为第一层。在选择第一层"文字设置"的状态下，执行菜单"Effect"→"Color Correction"→"Levels"命令，对层进行色阶调整，设置"Input White"为"100.0"，"Gamma"为"1.00"，"Output Black"为"12.0"，"Output White"为"255.0"，其他参数保留默认设置，如图2-113所示。完成Levels插件的参数调整后，得到的效果如图2-114所示。

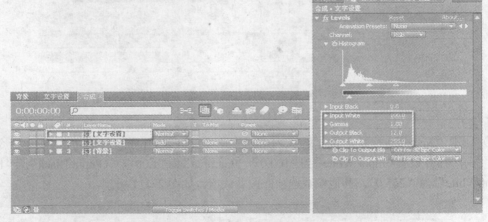

图2-113　添加并设置Levels插件

图2-114　合成效果

5）执行菜单"Effect"→"Blur & Sharpen"→"CC Radial Fast Blur"命令，给第一层"文字设置"添加一个径向模糊效果，特效的参数保留为默认的设置，如图 2-115 所示。

图 2-115　添加并设置 CC Radial Fast Blur 插件

6）选择第一层"文字设置"层，更改层的模式为"Add"模式，如图 2-116 中的左图所示。得到的效果如图 2-116 中的右图所示。

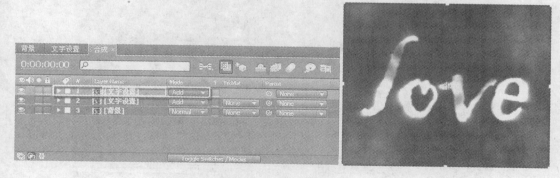

图 2-116　更改层模式

7）执行菜单"Layer"→"New"→"Solid"命令或按〈Ctrl+Y〉组合键，弹出"创建固态层"窗口，设置颜色为白色，其他的参数均保留为默认值，然后单击"OK"按钮新建固态层，如图 2-117 所示。

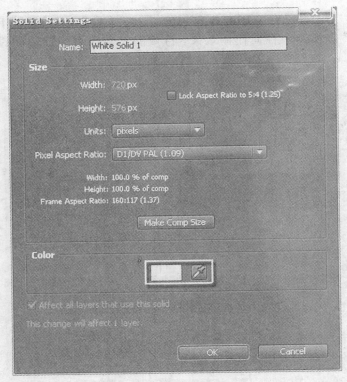

图 2-117　新建层

8）选择新建的"White Solid 1"层，执行菜单"Effect"→"Generate"→"4-Color Gradient"命令，给"White Solid 1"层添加特效后，对特效中的颜色不做更改，调整其中的"Opacity"选项为"10.0%"，如图 2-118 所示。

图 2-118　添加并设置 4-Color Gradient 插件

4-Color Gradient 插件四色效果中的四种颜色，可分别对其颜色覆盖范围大小、颜色的位置等进行调整设置。

9）在"时间线"窗口中展开 4-Color Gradient 属性设置，把时间指示器拖至 0 秒位置，分别单击打开"Color 1"～"Color 4"选项前面的关键帧，然后移动时间指示器的位置，每相隔一定的时间再对"Color 1"～"Color 4"的颜色进行一次更改，在"时间线"窗口中即会自动生成关键帧，对于每个关键帧上的颜色以及关键帧的数量，用户可根据个人的需要而进行设定，如图 2-119 所示。

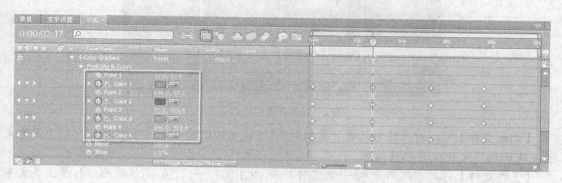

图 2-119　关键帧设置

10）执行菜单"Composition"→"Make Movie"命令或按〈Ctrl+M〉组合键，弹出"Render Queue"面板，对其中的参数进行设定，然后单击"Render"按钮输出动画，如图 2-120 所示。得到的最终分解动画效果如图 2-121 所示。

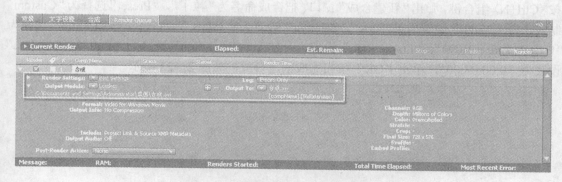

图 2-120　渲染与输出

图 2-121　最终分解动画效果

2.6 高级技巧：粒子汇集文字特效

2.6.1 技术分析

本节以制作粒子汇集成文字特效为例来学习 Shatter 特效与 Glow 特效。

制作过程为：先制作背景，运用了 Ramp 特效；然后再导入文字素材，添加 Shatter 特效与 Glow 特效，制作飞散粒子；最后设置时间倒放，完成粒子汇集文字的制作。预览动画效果如图 2-122 所示。

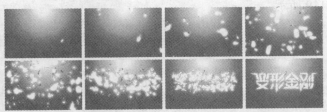

图 2-122　预览动画效果

【动画文件】可以打开随书光盘"案例效果"→"CH02"→"2.6 高级技巧：粒子汇集文字特效.wmv"文件观看动画效果。

【工程文件】保存在随书光盘："源文件"→"CH02"→"2.6 高级技巧：粒子汇集文字特效"中。

2.6.2 背景制作

1）运行 After Effects CS4 软件，执行菜单"Composition"→"New Composition"命令或按〈Ctrl+N〉组合键，弹出"新建合成"窗口，把合成命名为"粒子"，"Preset"选择为"Custom"制式，将"Width"设置为"720px"，"Height"设置为"480px"，"Pixel Aspect Ratio"选择为"D1/DV PAL（1.09）"，"Frame Rate"设置为"25"，"Resolution"选择为"Full"，"Duration"设置为"0:00:08:00"，单击"OK"按钮完成创建合成，如图 2-123 所示。

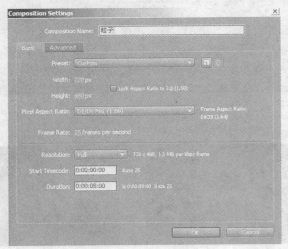

图 2-123　新建合成

2）执行菜单"Layer"→"New"→"Solid"命令或按〈Ctrl+Y〉组合键，弹出"创建固态层"窗口，给固态层命名为"背景"，将"Width"设置为"720px"，"Height"设置为"480px"，"Units"选择为"pixels"，"Pixel Aspect Ratio"选择为"D1/DV PAL（1.09）"，"Color"设置为黑色，单击"OK"按钮完成固态层的创建，如图2-124所示。

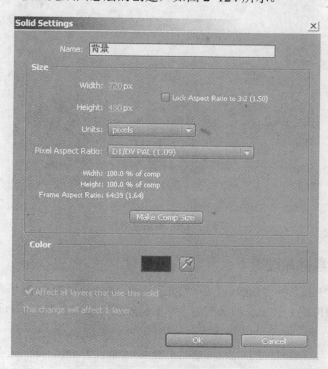

图2-124　新建固态层

3）选中"背景"层，执行菜单"Effect"→"Generate"→"Ramp"命令，在"Effect Controls"面板中设置"Start Color"颜色为"R：0，G：162，B：255"，"End of Ramp"设置为"350.0，484.0"，"End Color"颜色设置为黑色，"Ramp Shape"选项中选择"Radial Ramp"，如图2-125所示。设置Ramp特效后效果如图2-126所示。

图2-125　设置Ramp特效

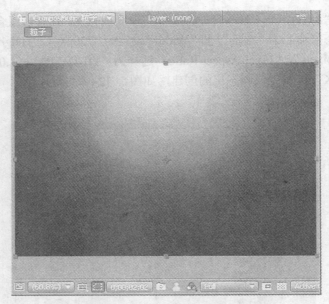

图 2-126　Ramp 效果

2.6.3　导入文字素材并设置

1）执行菜单"File"→"Import"→"File"命令或按〈Ctrl+I〉组合键，选择随书光盘中"案例素材"→"CH02"→"2.6 粒子汇集文字素材.psd"，将素材导入到"项目"窗口中，如图 2-127 所示。

图 2-127　导入素材

2）选中"2.6 粒子汇集文字素材.psd"并拖动到时间线上，并设置"Mode"模式为"Luminosity"，如图 2-128 所示。设置混合模式后的效果如图 2-129 所示。

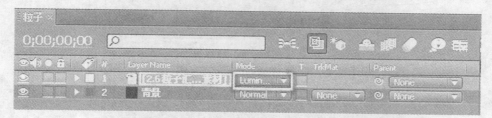

图 2-128　设置素材混合模

图 2-129　设置混合模式后的效果

2.6.4　粒子动画设置

1）选中"2.6 粒子汇集文字素材"层，执行菜单"Effect"→"Simulation"→"Shatter"命令，在"Effect Controls"面板的"View"选项中选择"Rendered"，"Pattern"选项中选择"Herringbone 1"，将"Repetitions"设置为"25.00"，"Extrusion Dept"设置为"0.10"，"Depth"设置为"0.40"，将"Radius"设置为"0.60"，如图 2-130 所示。"Randomness"设置为"0.50"，"Viscosity"设置为"0.00"，"Mass Variance"设置为"0%"，"Gravity"设置为"0.00"，如图 2-131 所示。按小键盘〈0〉键预览动画效果，如图 2-132 所示。

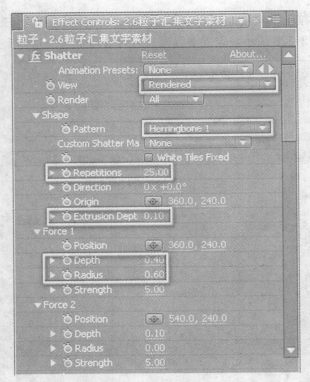

图 2-130 设置 Shatter 特效 1

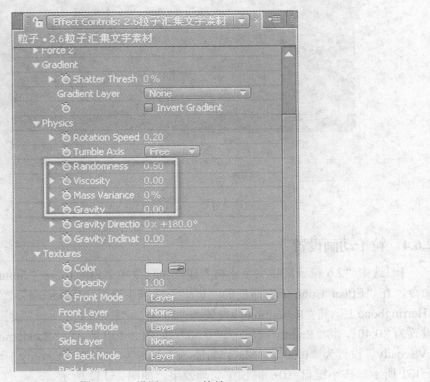

图 2-131 设置 Shatter 特效 2

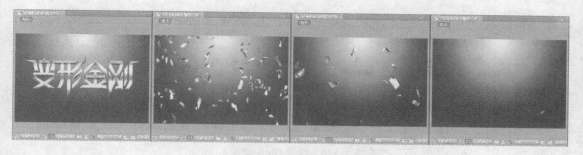

图 2-132 Shatter 动画效果

2）在选中"2.6 粒子汇集文字素材"层的状态下，执行菜单"Effect"→"Stylize"→"Glow"命令，在"Effect Controls"面板中"Glow Threshold"设置为"35.0%"，"Glow Radius"设置为"25.0"，"Glow Colors"模式选择为"A&B Colors"，在"Color Looping"选项中选择"Sawtooth A>B"，"Color A"的颜色设置为"R：30，G：0，B：255"，"Color B"的颜色设置为"R：48，G：255，B：0"，如图 2-133 所示。

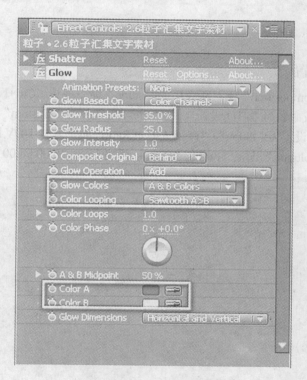

图 2-133 设置 Glow 特效

3）展开时间线中"2.6 粒子汇集文字素材"层里"Effects"下的 Glow 特效，单击"Glow Radius"前面的关键帧记录器，在 0 秒处插入一个关键帧，如图 2-134 所示。把时间指示器移至"0:00:00:08"位置，将"Glow Intensity"设置为"5.0"；如图 2-135 所示。

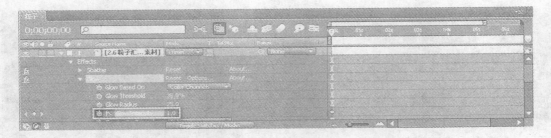

图 2-134　设置 Glow 动画 1

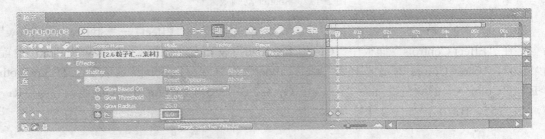

图 2-135　设置 Glow 动画 2

2.6.5　时间倒放设置

1）执行菜单"Composition"→"New Composition"命令或按〈Ctrl+N〉组合键，弹出"新建合成"窗口，把合成命名为"时间设置"，将"Preset"选择为"Custom"制式，"Width"设置为"720px"，"Height"设置为"480px"，"Pixel Aspect Ratio"选择为"D1/DV PAL（1.09）"，"Frame Rate"为"25"，"Resolution"选择"Full"，"Duration"设置为"0:00:08:00"，如图 2-136 所示。

图 2-136　新建合成

2）将"粒子"合成拖放到"时间设置"的"时间线"窗口中，执行菜单"Layer"→"Time"→"Enable Time Remapping"命令或按〈Ctrl+Alt+T〉组合键，移动后面的关键帧到"0:00:00:06"的位置，如图 2-137 中②处所示。双击第一个关键帧（图中①处），弹出"Time Remap"窗口，设置时间为"0:00:03:00"，如图 2-138 所示。双击第二个关键帧，弹出"Time Remap"窗口，设置时间为"0:00:00:00"，如图 2-139 所示。

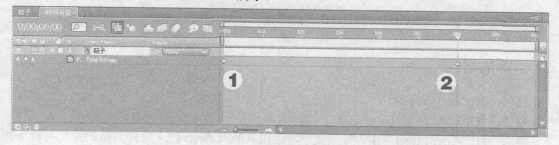

图 2-137　设置时间倒放的关键帧

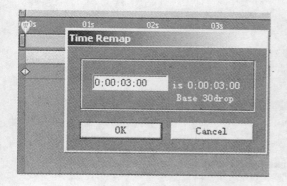

图 2-138　设置时间倒放 1

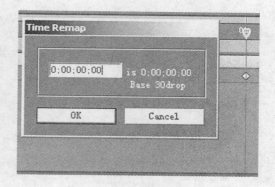

图 2-139　设置时间倒放 2

☞提示：

　　该层添加了"Time Remapping"，使"时间设置"合成的时间被重新映像，

3）完成时间倒放设置后，执行菜单"Composition"→"Make Movie"命令或按〈Ctrl+M〉组合键，弹出"Render Queue"面板，允许对其中的输出参数以及输出路径等进行设置，如图 2-140 所示。得到的最终动画效果如图 2-141 所示。

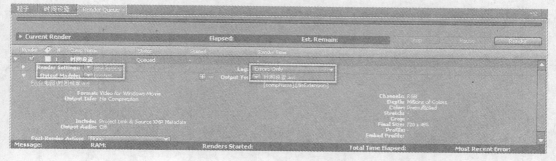

图 2-140　渲染输出

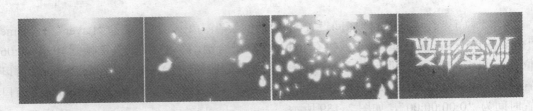

图 2-141　预览动画效果

2.7　课后练习

题目：发光粒子文字特效。

规格：合成比例为 720px×300px，时间为 6 秒。

要求：以"After Effect"作为特效文字，运用 After Effects CS4 软件自带的发光与粒子插件，应用于文字，主要突出文字的发光与粒子的动画效果。

第 3 章　After Effects CS4 色彩特效应用

学习目标

● 了解 Adobe After Effects 中色彩的运用技巧

● 掌握各种色彩调整特效的应用

● 熟练图像抠图技法

色彩的合理搭配，适度的调整，可以体现一部作品的美感，增强了作品的欣赏价值。色彩特效可广泛应用于各种效果（如爆炸、激光、景色、变色等）中，甚至每个细节中都有应用。

Adobe After Effects 中对于色彩的应用极为广泛，颜色的设置，色阶的调整等，都与色彩有着不可分割的关系。

色彩的应用在任何场合中都起到举足轻重的地位，因为色彩的存在，所以才会有精彩。After Effects 中对于色彩特效的应用，无疑是很成功的，利用色彩的调整结合其他特效的应用，可达到用户所需的各种效果。在 After Effects 的发展中，逐步地对色彩应用完善，而发展至今，After Effects 已隐隐成为影视后期制作软件的标准。色彩特效的应用，既起到调配的作用，也是每个作品中不可缺少的应用。

【任务背景】纯色的影视效果会给人淡而无味的感觉，就算是作为一部好的影视作品，在失去了色彩的结合调整，都能令其大跌身价。Adobe After Effects 提供了不弱于其他设计软件的色彩效果，通过对色彩的设置，体现出色彩应用的广泛与价值。

【任务目标】认识 Adobe After Effects 色彩效果的应用与抠像技术的操作方法。

【任务分析】影视后期的制作，除了对软件的熟练操作外，应用色彩特效，更能提高作品的质量，增强作品的欣赏价值。

3.1　基础知识讲解

3.1.1　任务 1：Color Correction 特效

Adobe After Effects CS4 和以往 After Effects 的其他版本在色彩的应用插件菜单上有着很大的改动，After Effects CS4 简化了插件菜单，把以往版本中的"Adjust（调整）"和"Image Control（图像控制）"中的插件合并到"Color Correction（色彩校正）"中。此处列举"Color Correction"菜单中的几个插件进行讲解。

执行菜单"Effect"→"Color Correction"命令，从插件列表中选择"Hue/Saturation（色相/饱和度）"。"Hue/Saturation"作为一个重要的调色工具，通过调整对象色相、饱和度、亮度以及调节颜色的平衡度等，可以方便地更改对象颜色属性。如图 3-1 所示为"Hue/Saturation（色相/饱和度）"对话框。

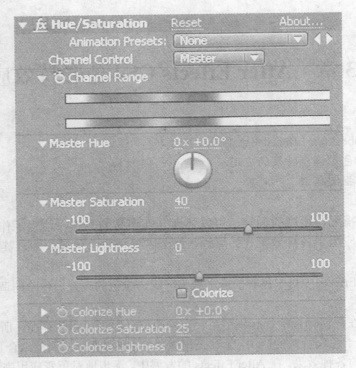

图 3-1 "Hue/Saturation" 对话框

对话框中各选项含义说明如下。

● Animation Presets（动画预置）：包括了"None（不使用任何预设动画效果）"、"彩色化-红色手迹"、"彩色化-红外线"、"彩色化-水之暗面"以及"Save Selection as Animation Preset…（存储预设动画效果）"四个选项。如图 3-2 所示为"Animation Presets"的下拉列表。

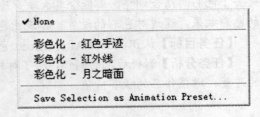

图 3-2 "Animation Presets"的下拉列表

● Channel Control（通道控制）：允许在"Channel Control"下拉列表中选择所需调节的颜色。其中包括了红色、黄色、绿色、青色、蓝色、洋红色，当选择"Master"选项时，即可对所有颜色进行同时调节。

● Channel Range（通道范围）：作为控制所调节颜色的通道范围。当"Channel Control"中选择了以"Blues（蓝色）"作为调节区域时，在"Channel Range"下面的颜色条显示出蓝的范围；拖动颜色条上的小矩形可以调节颜色范围，小三角形则表现允许调节其羽化量，如图 3-3 所示。

● Master Hue（色调）：允许对所调节颜色的色调进行控制，以利用颜色改变色调。

● Master Saturation（饱和度）：可以拖动颜色条上的调节滑块对调节的颜色通道的亮度进行控制。

● Master Lightness（亮度）：可以拖动颜色条上的调节滑块对调节颜色通道的亮度进行控制。

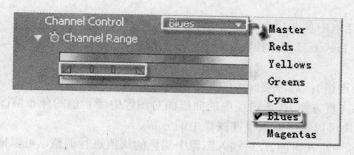

图 3-3　通道控制与范围

- Colorize（彩色化）：勾选该选项，表示将灰阶图像转换为带有色调的图像，但是只能转换为双色图像。
- Colorize Hue（彩色化色调）：需要在勾选"Colorize"选项后才能进行编辑；允许对彩色化后图像的色调进行调整。
- Colorize Saturation（彩色化饱和度）：需要在勾选"Colorize"选项后才能进行编辑；允许对彩色化后图像的饱和度进行调整。
- Colorize Lightness（色彩化亮度）：需要在勾选"Colorize"选项后才能进行编辑；允许对彩色化后图像的亮度进行调整。

Hue/Saturation 特效允许以简单的操作对图像某一部位的颜色进行调整更改，它是一个简单而又强大的色调饱和度调节工具。通过使用"Channel Range"作为特效的切入点，指定其通道范围，可以只对指定的颜色进行调整，而画面中的其他颜色均不受影响。

在"Effect"菜单中的"Color Correction"选项中，提供了对图像调整的 Levels（色阶）插件，Levels 特效用于修改图像的高光亮度、暗部亮度以及中间色调。作为调色中比较重要的功能，它可以把输入的颜色级别重新映像到新的输出颜色级别，如图 3-4 所示为"Levels"对话框。

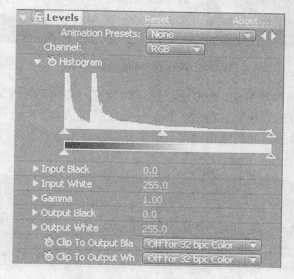

图 3-4　"Levels"对话框

"Levels"对话框中各选项含义说明如下。

● Animation Presets（动画预置）：只包括不使用任何动画效果与存储动画预设效果两个选项。

● Channel（通道）：对需要修改的图像通道进行指定。

● Histogram（直方图）：通过图中的曲线图对图像中像素值的分布情况进行了解，拖动小三角滑块可以调整像素值在图像中的分布。

● Input Black（输入黑色）：对输入图像中黑色的阈值进行调整，可以拖动直方图中左侧的小三角滑块调整。

● Input White（输入白色）：对输入图像中白色的阈值进行调整，可以拖动直方图中右侧的小三角滑块调整。

● Gamma（灰度系数）：对 Gamma 值进行调整。可以拖动直方图中中间的小三角滑块调整。

● Output Black（输出黑色）：对输出图像中黑色的阈值进行调整，可以通过拖动直方图中灰阶条左侧的小三角滑块进行。

● Output White（输出白色）：对输出图像中白色的阈值进行调整，可以通过拖动直方图中灰阶条右侧的小三角滑块进行。

除了对参数进行调整设置来改变图像的色调外，还可以通过利用鼠标拖动直方图中的小三角滑块来调整。向左拖动小三角滑块，调节图像的高光更为光亮；向右拖动小三角滑块，调节图像变暗，增加了图像色调的对比，如图 3-5 所示。

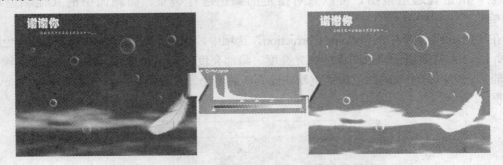

图 3-5　调节"Levels"前后对比

Levels 不但可对图像的 RGB 通道进行统一的调整，还可对单个通道分别进行调节。

下面再介绍一个 Tint（色彩）特效。Tint 特效在默认状态下，可将彩色的图像转换为黑白图像。可以通过两种颜色间对像素确定亮度值混合效果来修改图像颜色信息。"Tint"对话框如图 3-6 所示。

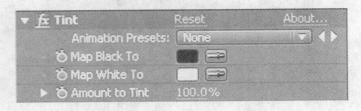

图 3-6　"Tint"特效对话框

"Tint"对话框中各选项含义说明如下。

● Animation Presets（动画预置）：列表中包括了 None（不使用任何样式）、淡化-淡入黑场、淡化-闪白、彩色化-棕褐色以及存储动画预置 5 个选项，如图 3-7 所示。

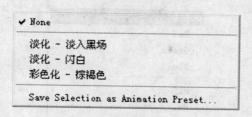

图 3-7　"Animation Presets"下拉列表

● Map Black To：该项所指定的颜色映射为图像中暗色像素。
● Map White To：该项所指定的颜色映射为图像中的亮色像素。
● Amount to Tint：对图像的色彩化强度进行控制。

图像的颜色映射以双色来表现，首先对图像指定的颜色进行映射，再通过"Amount to Tint"对图像映射影响程度进行调节。如图 3-8 所示为图像原图与使用颜色映射效果后的对比效果图。

图 3-8　Tint 特效应用前景对比

"Amount to Tint"值越低，颜色映射对图像的影响越小；"Amount to Tint"值越高，颜色映射对图像的影响就越大。

3.1.2　任务 2：Channel 特效

Channel（通道）特效是通过对通道的调节来影响图像的效果。通道的颜色组成可分为红、蓝、绿，而其颜色属性又包括了色调、饱和度、亮度以及图像的透明度，即 Alpha 通道等。

在"Channel"菜单列表中，用户最常接触的是 Invert（反相）特效，其作用是对图像颜色信息进行反相转化。"Invert"对话框如图 3-9 所示。

图 3-9　"Invert"对话框

"Invert"对话框中各选项说明如下。

● Animation Presets（动画预置）：包括了不使用任何效果和存储动画预置效果两个选项。

● Channel（通道）：用于对通道类型的转化，可以转化单一通道或对整个图像进行转化。

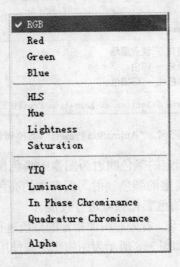

图 3-10 "Channel"下拉列表

● Blend With Original：对图像使用淡入淡出效果，在合成图像转化前后都可使用。

下面再介绍一个 Set Channels（设置通道）特效。简单来说，Set Channels 特效就是把一个层的饱和度通道复制到另一个层的颜色通道，即对层与层之间的通道进行复制并指定通道操作。"Set Channels"对话框如图 3-11 所示。

图 3-11 "Set Channels"对话框

☞提示：

"Set Red To Source 1's"表示结合"Source Layer1"中选择的颜色通道进行设置。Set Channels 特效提供了 4 个 Source Layer（素材层）和相对应的 Set Channel To Source Channel 选项，并按照顺序进行排列。

"Set Channels"对话框中各选项说明如下。

● Animation Presets（动画预置）：包括了不使用任何预置效果、灰度 2 及存储预置动画效果三个选项。如图 3-12 所示。

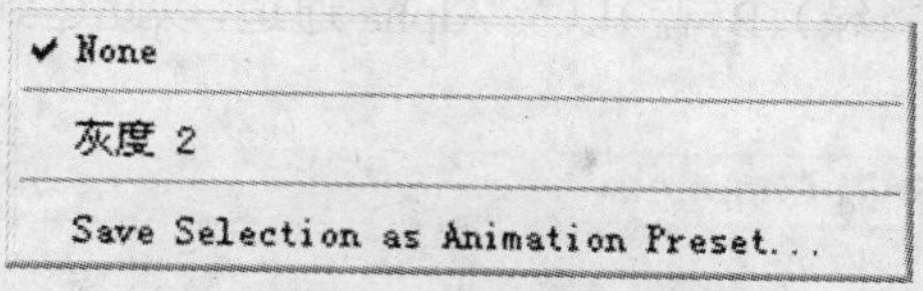

| ✓ None |
| 灰度 2 |
| Save Selection as Animation Preset... |

图 3-12　"Animation Presets" 下拉列表

当选择 "Animation Presets" 中的 "灰度 2" 时，图像则显示为如图 3-13 所示。

图 3-13　"Animation Presets" 中选择 "灰度 2" 时图像的样式

● Source Layer（素材层）：指定要进行复制通道的素材。
● Set Channel To Source Channel：控制由素材层向当前层复制的通道类型。
● Stretch Layers To Fit：对素材层的尺寸进行放大或缩小使之与当前层相匹配。
将素材层的颜色通道粘贴到国标层上的效果如图 3-14 所示。

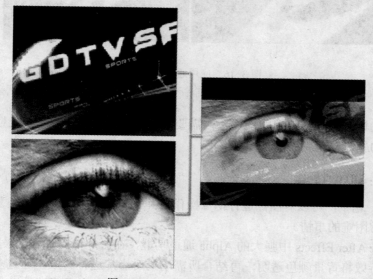

图 3-14　Set Channel 特效效果

最后再介绍一下 Shift Channel（转换通道）特效。Shift Channel 特效利用其他通道来替换当前层指定的图像 R（红）、G（绿）、B（蓝）以及 Alpha 通道，以此达到特效效果。"Shift Channel"对话框如图 3-15 所示。

图 3-15　"Shift Channels"对话框

"Shift Channels"对话框中各选项说明如下。

- Animation Presets（动画预置）：包括不使用任何动画预置效果和存储预置动画效果两个选项。
- Take Alpha From：Alpha 通道被当前层中的某一通道替换。
- Take Red From：红色通道被当前层中的某一通道替换。
- Take Green From：绿色通道被当前层中的某一通道替换。
- Take Blue From：蓝色通道被当前层中的某一通道替换。

各通道均可选择其替换通道，从而改变图像的颜色效果，如图 3-16 所示，图 3-16a 为原图，图 3-16b 为使用绿色通道代替了 Alpha 通道后的效果图。

图 3-16　应用通道前后对比

a）原图　b）使用了 Shift Channels 特效的效果图

图像颜色的调节是非常简单的操作，但需要掌握丰富的色彩知识以及长期的操作实践，才可以使图像的颜色校正更完美。

3.1.3　任务 3：抠像技术

运用 Mask 遮罩，可以对图像进行抠像操作，并且简单方便。但是，在复杂影片上应用遮罩，却是非常困难的事情。

基于 Adobe After Effects 中强大的 Alpha 通道功能，在影片拍摄时可以采用纯色的背景，然后利用键控特效将背景颜色透明，再结合所需场景对影片进行合成。通过多种键控特效的运用，很容易将影片中的背景剔除，还可完美的表现其阴影和半透明等效果。

一般来说，键控合成操作至少需要两个层，也就是键控层和背景层，其次序的排列为键控层在背景层之上，这样对键控层进行设置后，可以方便地透出背景层。

具有两个透明区域的 Color Difference Key 键控特效可以通过两个不同的颜色对图像进行处理，它有三个蒙版，其中蒙版 A 是指定键控以外的其他颜色区域透明，而蒙版 B 则作为指定的键控颜色区域透明，将两个蒙版透明区域进行组合得到第三个蒙版透明区域，即是最终的 Alpha 通道。"Color Difference Key"对话框如图 3-17 所示。

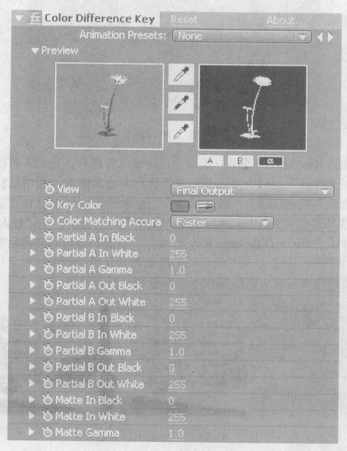

图 3-17 "Color Difference Key"对话框

"Color Difference Key"对话框中各选项说明如下。

- ✐：从原始缩略图中吸取键控色。
- ✐：从蒙版缩略图中指定透明色。
- ✐：从蒙版缩略图中指定不透明色。
- View："View"下拉列表中包含的选项功能可显示蒙版或显示键控效果，指定了在"合成图像"窗口中显示的图像视图。
- Key Color（选择键控色）：色块上的颜色显示为吸管工具所吸取的颜色。
- Color Matching Accuracy（颜色匹配精度）：指定用于键控匹配颜色的类型。
- Partial：通过设置参数值对蒙版透明度进行精细调整，或可展开选项前面的小三角，再拖动滑块进行调整。"Partial A In Black"即是 A 部分的黑色，可以调整每个蒙版的透明度；"Partial A In White"即是 A 部分的白色，可以调整每个蒙版的不透明度；"Partial A In Gamma"选项可通过滑块控制透明度值与线性级数的密切程度，当其参数值为 1 时，级数是线性，其他值则产生非线性级数。Partial 展开滑块调整界面如图 3-18 所示。

图 3-18　Partial 选项

Color Difference Key 特效的使用方法为：首先导入蓝色背景色的素材图片和所需使用的背景图片，然后在"项目"窗口中复选蓝色背景素材和背景图片，利用鼠标拖曳到"项目"窗口的"创建新合成"按钮 ![按钮] 上，自动生成一个包含蓝色背景素材和背景图片的合成；在"时间线"窗口中选择蓝色背景素材，执行菜单"Effect"→"Keying"→"Color Difference Key"命令；对蓝色素材添加 Color Difference Key 特效后，系统则会自动把蓝色背景素材层中的蓝色去除，如图 3-19 所示。但是，在系统自动去除蓝色背景时，效果并不是很好，若要得到更好的效果，则需要结合吸管工具吸取图像中的颜色来进行调节。

图 3-19　Color Difference Key 特效效果

抠像技术的功能很强大，其中还包括 Color Key、Color Range、Difference Matte、Extract 等特效，此处不做一一列举说明。用户可根据个人的需要，对这些特效进行应用。

3.2　实例应用：色彩校正——白平衡重置

3.2.1　技术分析

本例主要使用 After Effects 中的色彩校正技术（Color Correction）。案例中应用到的特效有 Levels（Individual Controls）、Gaussian Blur、Curves。

摄影摄像器材在拍摄的过程中，如果从室外拍摄转入室内拍摄或由光线较强的环境转入光线弱的环境就需要调节白平衡设置。有时因为拍摄需要而使用长镜头，此时拍摄的素材则需要在后期制作中进行色彩及曝光值的校正。本例讲授在 After Effects 中如何对白平衡效果进行重置，素材及校正后的效果如图 3-20 所示。

图 3-20　素材与校正效果对比

【效果文件】可以打开随书光盘"案例效果"→"CH03"→"3.2 实例应用：色彩校正——白平衡重置.psd"文件观看效果。

【工程文件】保存在随书光盘"源文件"→"CH03"→"3.2 实例应用：色彩校正——白平衡重置"中。

3.2.2　导入素材并校正颜色

1）运行 After Effects CS4 软件，执行菜单"File"→"Import"→"File"命令，选择随书光盘中"案例素材"→"CH03"→"3.2 素材.jpg"，在"Import File（导入文件）"对话框中单击"打开"按钮，将素材导入，如图 3-21 所示。

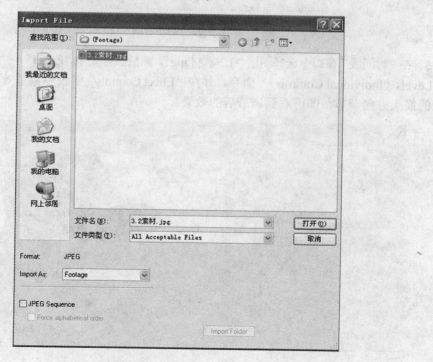

图 3-21　"Import File（导入文件）"对话框

2）在"项目"窗口中，将"3.2 素材.jpg"拖曳到"新建合成"按钮上，创建出合成"3.2
素材"，如图 3-22 所示。

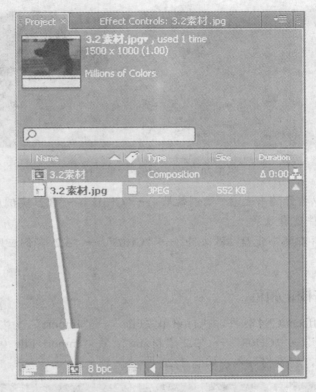

图 3-22　创建合成

3）在"时间线"窗口中选择图层"3.2 素材.jpg"，然后执行菜单"Effect"→"Color Correction"
→"Levels（Individual Controls）"命令，并在"Effect Controls"面板中调节效果，按如图 3-23
所示的箭头方向调节，即可看到调节后的效果。

图 3-23　添加 Levels（Individual Controls）特效

4）在"项目"窗口中，将"3.2 素材.jpg"拖到"时间线"窗口作为新图层，并将图层模式设置为"Liner Dodge"，如图 3-24 所示。

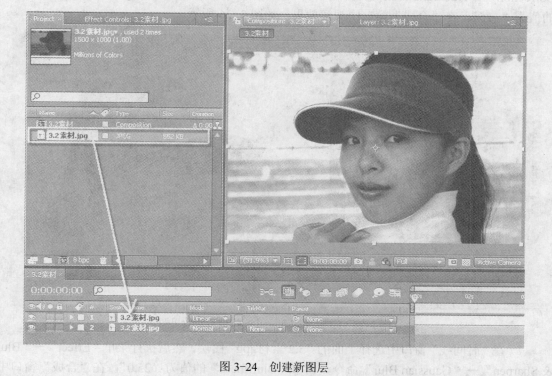

图 3-24　创建新图层

5）在"时间线"窗口中选择上面的"3.2 素材.jpg"图层，然后执行菜单"Effect"→"Color Correction"→"Levels（Individual Controls）"命令，并在"Effect Controls"面板中调节效果，按如图 3-25 所示的箭头方向调节，即可看到调节后的效果。

图 3-25　添加 Levels 特效效果图

6）在"时间线"窗口中选择上面的"3.2 素材.jpg"图层，然后执行菜单"Effect"→"Color Correction"→"Hue/Saturation"命令，调节"Master Saturation"的值为"100"，"Master Lightness"的值为"−15"。在"合成"窗口中观察效果，如图 3-26 所示。

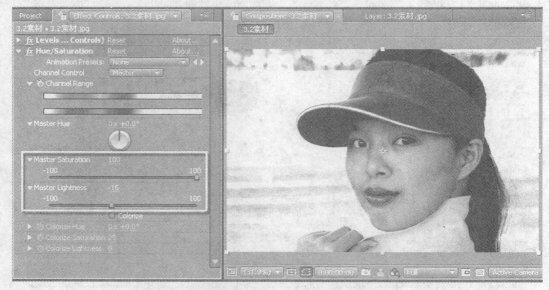

图 3-26　添加 Hue/saturation 特效后的效果图

7）在"时间线"窗口中选择上面的"3.2 素材.jpg"图层，然后执行菜单"Effect"→"Blur & Sharpen"→"Gaussian Blur"命令，调节"Blurriness"的值为"25.0"，在"合成"窗口中观察效果变化，如图 3-27 所示。

图 3-27　设置 Gaussian Blur 特效

3.2.3　最终调整

1）在"项目"窗口中，将合成"3.2 素材"拖到"创建新合成"按钮上，创建新合成，如图 3-28 所示。

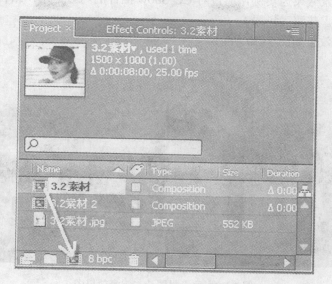

图 3-28　创建新合成

2）执行菜单"Effect"→"Color Correction"→"Curves"命令，为合成添加曲线滤镜，在特效控制面板中，使用鼠标左键拖动，曲线调节中即可出现一个节点，分别为左下角及右上角添加节点并调整，使画面对比更加自然，如图 3-29 所示。至此，白平衡重置调节完成。

图 3-29　Curves 调整

3.3　实例应用：打造雪景效果——雪花飘飘

3.3.1　技术分析

本节的学习重点是 CC Snow 插件的设置操作。

本节以打造雪景效果为实例，通过对 CC Snow 插件的巧妙运用，结合 Mask 的设置，将原图片变为美丽的雪花飘飞场景。

原素材与雪景效果如图 3-30 所示。

图 3-30　原素材图片与雪景效果图

【动画文件】可以打开随书光盘"案例效果"→"CH03"→"3.3 实例应用：打造雪景效果——雪花飘飘.wmv"文件观看动画效果。

【工程文件】保存在随书光盘"源文件"→"CH03"→"3.3 实例应用：打造雪景效果——雪花飘飘"中。

3.3.2　创建与设置合成

1）执行菜单"File"→"Import"→"File"命令或按〈Ctrl+I〉组合键，弹出"Import File"对话框，从随书光盘中选择"案例素材"→"CH 03"→"3.3 雪景背景图片.jpg"，将文件作为背景素材写入。在"项目"窗口中选择"3.3 雪景背景图片.jpg"，将其拖放到"项目"窗口下方的"创建新合成"按钮 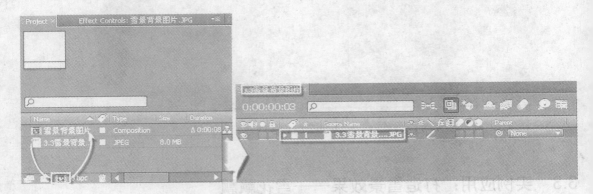 上，创建一名为"3.3 雪景背景图片"的合成，如图 3-31 所示。

图 3-31　导入素材并创建合成

2）完成新合成的创建，所得到的合成大小与背景素材图片的大小相等，合成自动包含了背景素材图片层，显示于"时间线"窗口，合成的大小与样式如图 3-32 所示。

图 3-32　雪景背景合成窗口

3）在"时间线"窗口中选择"3.3 雪景背景图片.jpg"层的状态下，执行菜单"Effect"
→"Simulation"→"CC Snow"命令，添加 CC Snow 插件，设置"Amount"参数为"20000.0"，
"Speed"为"0.0"，"Amplitude"为"10.0"，"Frequency"为"2.0"，"Flack Size"为"30.0"，
"Source Depth"为"100.0%"，"Opacity"为"80.0%"。特效参数和设置之后的效果如图 3-33
所示。

图 3-33　添加 CC Snow 特效

107

3.3.3　最后合成的创建与设置

1）按住〈Ctrl〉键复选"项目"窗口中的"3.3 雪景背景图片"合成和"3.3 雪景背景图片.jpg"素材图片，利用鼠标将其拖到"项目"窗口下方的"创建新合成"按钮  上，创建新的合成并命名为"最后合成"，在"时间线"窗口中生成包含"3.3 雪景背景图片"合成和"3.3 雪景背景图片.jpg"素材图片的新层，如图 3-34 所示。

图 3-34　创建新合成

2）在"时间线"窗口中切换到"3.3 雪景背景图片"合成，鼠标单击"时间线"窗口中的"隐藏"按钮 或显示"插件特效"按钮，停止应用插件特效到层中；切换到"最后合成"，隐藏"3.3 雪景背景图片.JPG"层，选择工具栏中的"钢笔"工具 或按〈G〉键，根据图片积雪的位置勾勒出积雪位置的 Mask，设置所有的 Mask 模式为"None"，如图 3-35 所示。积雪位置的 Mask 位置如图 3-36 所示。

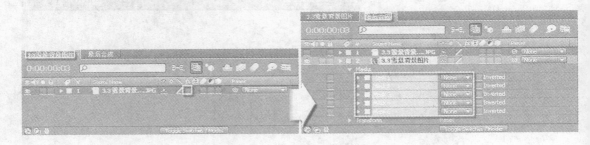

图 3-35　设置 Mask

☞提示：

  对"3.3 雪景背景图片"合成特效的隐藏，是为了"最后合成"中 Mask 的勾勒不会对任何合成的效果产生影响。

3）按住〈Shift〉键复选"时间线"窗口"最后合成"中"3.3 雪景背景图片"层的 Mask，更改 Mask 的模式为"Add"，如图 3-37 所示。

图 3-36　Mask 位置

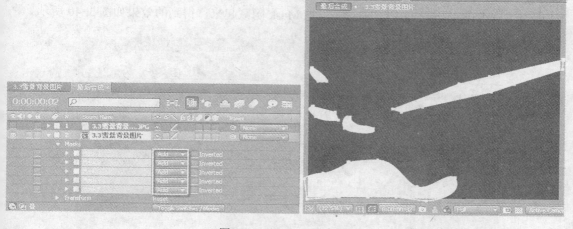

图 3-37　设置 Mask 模式

☞提示：

　　在有多个 Mask 的状态下，选择最上一个 Mask，然后按住〈Shift〉键，鼠标单击选择最下面的 Mask 可复选两个 Mask 之间的所有 Mask。在选择多个 Mask 的状态下，只对一个 Mask 的模式进行更改，其他所有被选择的 Mask 的模式也会更改。

　　4）选择"时间线"窗口中"最后合成"的"3.3 雪景背景图片"层，按〈F〉键展开所有 Mask 的"Mask Feather（遮罩羽化）"属性，设置 Mask 1 的"Mask Feather"为"70.0，70.0 pixels"，Mask 2 的"Mask Feather"值设置为"325.0，325.0 pixels"，Mask 3、Mask 4、Mask 5 的"Mask

Feather"值均设置为"50.0，50.0 pixels"，如图 3-38 所示。

图 3-38　设置 Mask 羽化值

5）按〈T〉键展开"最后合成"中"3.3 雪景背景图片"的"Mask Opacity（遮罩透明度）"属性，设置 Mask 1 和 Mask 2 的"Mask Opacity"为"100%"，Mask 3、Mask 4、Mask 5 的"Mask Opacity"值均设置为"60%"，如图 3-39 所示。切换到"合成"窗口上，鼠标单击"合成"窗口下方的"隐藏/显示 Mask"图标，把 Mask 隐藏起来，得到的效果如图 3-40 所示。

图 3-39　设置 Mask 透明度

☞提示：

　　利用快捷键展开层属性操作时，有时需要重复按几次才能展开所需要的属性选项，如在展开"Mask Opacity"属性时，当第一次按〈T〉键时没有展开"Mask Opacity"，那么则继续按多次〈T〉键即能展开"Mask Opacity"。

图 3-40 隐藏 Mask 后的效果

6）选择"时间线"窗口"最后合成"中"3.3 雪景背景图片.jpg"层并单击 "3.3 雪景背景图片.jpg"层前面的显示或隐藏层按钮 ，显示"3.3 雪景背景图片.jpg"层，然后执行菜单"Effect"→"Simulation"→"CC Snow"命令，添加 CC Snow 插件，在"Effect Controls"面板中设置"Amount"为"2000.0"，"Flake Size"为"20.0"，"Opacity"为"70.0%"，如图 3-41所示。

图 3-41 添加 CC Snow 特效

7）完成插件参数的设置后，得到最终效果图，最后按〈Ctrl+M〉组合键弹出"Render Queue"面板，对渲染输出中所要设置的输出格式、输出位置、其他选项及参数等进行设置后，单击"Render"按钮输出动画效果，如图 3-42 所示。

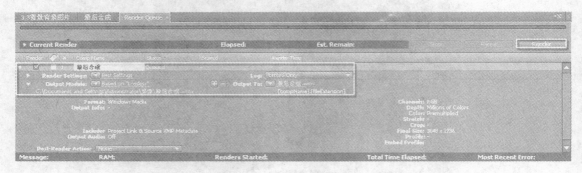

图 3-42　渲染输出

3.4　拓展训练：国画情缘——山水情

3.4.1　技术分析

本节主要应用 Find Edges 特效，制作出国画水墨效果。

制作过程为：先导入素材创建合成，再运用 Find Edges 特效，查找边缘效果，接着运用 Hue/Saturation 特效和 Levels 特效，调整画面效果，然后运用 Gaussian Blur 特效，调整模糊效果，复制出"国画情缘"层，最后调整 Levels 特效和 Gaussian Blur 特效，设置 Mode 模式，完成国画效果。原素材与最终动画效果如图 3-43 所示。

图 3-43　原素材与最终动画效果对比

【动画文件】可以打开随书光盘"案例效果"→"CH03"→"3.4 拓展训练：国画情缘——山水情.wmv"文件观看动画效果。

【工程文件】保存在随书光盘"源文件"→"CH03"→"3.4 拓展训练：国画情缘——山水情"中。

3.4.2 导入素材并创建合成

1）运行 After Effects CS4 软件，执行菜单"File"→"Import"→"File"命令或按〈Ctrl+I〉组合键，弹出"Import File"窗口，选择随书光盘"案例素材"→"CH03"→"3.4 国画情缘素材"目录，选中"国画情缘_01406.jpg"，勾选"JPEG Sequence"选项，如图 3-44 所示。

图 3-44 "Import File"窗口

☞提示：

序列图片是由若干幅按序排列的图片组成的一个序列文件，可以记录活动影像，每幅图片代表一帧。导入序列图片时，需要勾选"JPEG Sequence"选项，以序列文件方式导入素材。

2）在"项目"窗口中，选中国画情缘序列图片拖动到"创建新合成"按钮▥上，创建"国画情缘"合成，如图 3-45 所示

3.4.3 设置国画效果

1）在选中"时间线"窗口中的"国画情缘"层的状态下，执行菜单"Effects"→"Stylize"→"Find Edges"命令，在"Effect Controls"面板中设置"Blend With Original"为"10%"，如图 3-46 所示。设置 Find Edges 特效后的效果如图 3-47 所示。

图 3-45　创建合成

图 3-46　设置 Find Edges 特效

图 3-47　Find Edges 的效果

2）执行菜单"Effects"→"Color Correction"→"Hue/Saturation"命令，在"Effect Controls"面板中，设置"Master Saturation"为"–100"，如图3-48所示。设置"Hue/Saturation"特效后的效果如图3-49所示

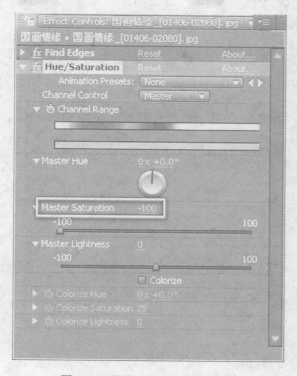

图 3-48　设置 Hue/Saturation 特效

图 3-49　Hue/Saturation 效果

3）执行菜单"Effects"→"Color Correction"→"Levels"，在"Effect Controls"面板中设置"Input Black"为"40.0"，"Input White"为"203.0"，"Gamma"为"1.14"，如图 3-50 所示。设置 Levels 特效后的效果如图 3-51 所示。

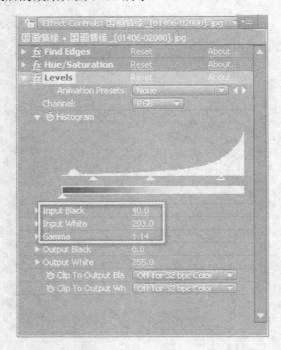

图 3-50　设置 Levels 特效

图 3-51　Levels 的效果

4）执行菜单"Effects"→"Blur & Sharpen"→"Gaussian Blur"命令，在"Effect Controls"面板中设置"Blurriness"为"5.0"，如图3-52所示。设置 Gaussian Blur 特效后的效果如图3-53 所示。

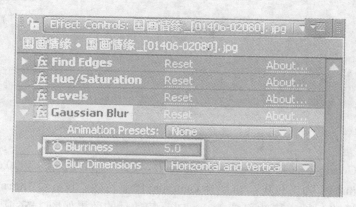

图 3-52　设置 Gaussian Blur 特效

图 3-53　Gaussian Blur 的效果

3.4.4　复制"国画情缘"并调整

1）选中"国画情缘"层，按〈Ctrl+D〉组合键复制出"国画情缘"层，如图3-54所示。

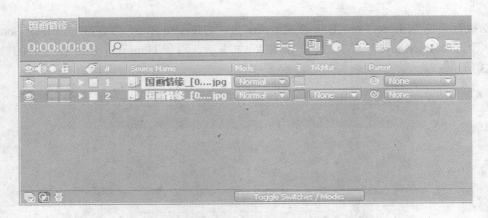

图 3-54　复制出"国画情缘"层

2）在"Effect Controls"面板中，展开 Levels 特效，设置"Input Black"为 30.0，"Input White"为"177.0"，"Gamma"为"3.00"，再展开 Gaussian Blur 特效，设置"Blurriness"为"10.0"，如图 3-55 所示。调整 Levels 特效和 Gaussian Blur 特效后的效果如图 3-56 所示。在"时间线"窗口中，设置"国画情缘"层的"Mode"模式为"Multiply"，如图 3-57 所示。

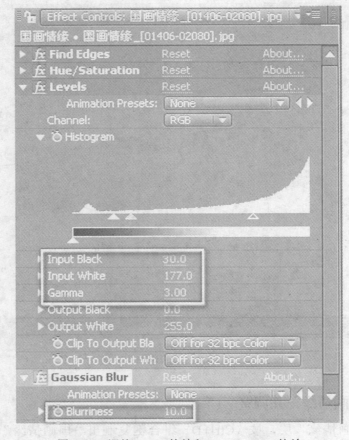

图 3-55　调整 Levels 特效和 Gaussian Blur 特效

图 3-56 调整 Levels 特效和 Gaussian Blur 特效后的效果

图 3-57 设置 Mode 模式

3）执行菜单 "Composition" → "Make Movie" 命令或按〈Ctrl+M〉组合键，弹出 "Render Queue" 面板，对其中的参数进行设定，然后单击 "Render" 按钮输出动画，如图 3-58 所示。得到的最终动画效果如图 3-59 所示。

图 3-58 渲染输出

图 3-59　动画效果

3.5　高级技巧：瞬间变色的跑车

3.5.1　技术分析

本节的学习重点为 Directional Blur 插件、Hue/Saturation 插件以及对关键帧的设置。

本节主要通过以跑车在行驶中瞬间变色效果的制作进行讲解。结合关键帧的设置，以 Directional Blur 插件表现跑车高速运动时的背景效果，通过为每一帧设置 Hue/Saturation 插件参数，达到改变跑车颜色的效果。最终实例动画效果如图 3-60 所示。

图 3-60　最终实例动画效果

【动画文件】可以打开随书光盘"案例效果"→"CH 03"→"3.5 高级技巧：瞬间变色的跑车.wmv"文件观看动画效果。

【工程文件】保存在随书光盘"源文件"→"CH03"→"3.5 高级技巧：瞬间变色的跑车"中。

3.5.2　导入素材

1）打开 After Effects CS4 软件，执行菜单"File"→"Import"→"File"命令或按〈Ctrl+I〉组合键，弹出"Import File"对话框，在随书光盘"案例素材"→"CH 03"→"3.5 高级技巧：瞬间变色的跑车"文件夹中选择任意一个"car"文件，从"Import File"对话框"Import As"选项中选择"Footage"，然后勾选"Targa Sequence"选项，单击"打开"按钮，导入序列图片，如图 3-61 所示。

图 3-61　导入序列图片

2）执行菜单"File"→"Import"→"File"命令或按〈Ctrl+I〉组合键，弹出"Import File"
对话框，选择随书光盘中"案例素材"→"CH 03"→"3.5 变色的跑车背景素材.jpg"，从"Import
File"对话框"Import As"选项中选择"Footage"，不勾选"JPEG Sequence"选项，然后单击
"打开"按钮导入背景素材图片，如图 3-62 所示。素材放置于"项目"窗口中，如图 3-63 所示。

图 3-62　导入背景素材图片

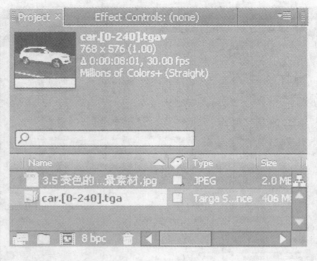

图 3-63 "项目"窗口

☞提示：

> "car.[0-240].tga"序列图片素材名称中，"[0-240]"表示序列图片总共包含了 0～240 中的 241 张图片。

3）选择"项目"窗口中的"car.[0-240].tga"序列图片素材，利用鼠标将其拖至"项目"窗口下方的"创建新合成"按钮🔳上，创建新合成并更改合成名称为"变色跑车"，合成的大小为"car[0-240].tga"序列图片的大小，时间默认为 8 秒，如图 3-64 所示。

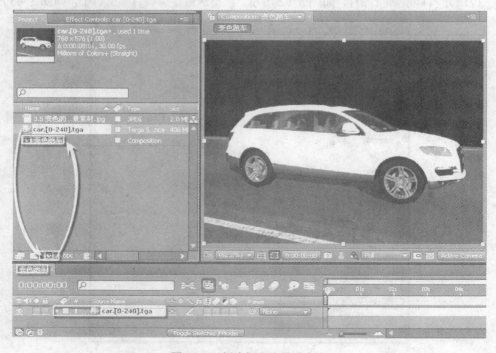

图 3-64 创建新合成并重命名

3.5.3 设置背景效果

1)在"项目"窗口中选择图片"3.5 变色的跑车背景素材.jpg",将其拖放到"时间线"窗口中,调整背景素材图片放置于序列图片下方,如图3-65所示。

图3-65 放置背景素材图片

2)在"时间线"窗口中展开"3.5 变色的跑车背景素材.jpg"层属性,拖动时间指示器至0秒位置,设置"Anchor Point"参数为"2668.0,284.0",打开"Position"选项前面的关键帧记录器,设置第一帧参数为"1580.0,160.0","Scale"参数设置为"60.0,60.0%";拖动时间指示器到8秒位置,设置"Position"参数为"-800.0,160.0",如图3-66所示。按小键盘上的〈0〉键进行预览,在"合成"窗口中,可以看到背景素材图片从左至右移动,如图3-67所示。

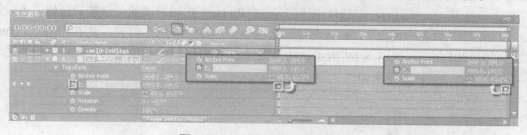

图3-66 调整背景素材图片位置

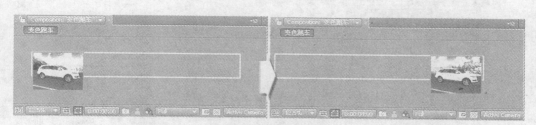

图3-67 背景素材图片效果

3) 在选择背景素材层的状态下，执行菜单"Effect"→"Blur & Sharpen"→"Directional Blur（动感模糊）"命令，添加 Directional Blur 特效，设置 Directional Blur 特效的"Direction"参数为"0x+98.0°"，"Blur Length"参数为"70.0"，如图 3-68 所示。

图 3-68　添加 Directional Blur 特效

☞提示：

　　添加 Directional Blur 插件特效，可以使背景素材处于模糊状态。本例中在跑车高速行驶的时候，背景的景物则飞速后退，而镜头固定于跑车，所以背景应变得模糊不清。

3.5.4　设置跑车变色特效

1) 在"时间线"窗口中选择"car.[0-240].tga"序列图片素材层，执行菜单"Effect"→"Color Correction"→"Hue/Saturation"命令，在"时间线"窗口中拖动时间指示器至"0:00:01:00"秒位置上，打开 Hue/Saturation 插件中"Channel Range"选项前面的关键帧记录器，再设置"Master Hue"参数为"0x+0.0°"；拖动时间指示器至"0:00:01:01"位置，设置"Master Hue"参数为"0x+305.0°"，如图 3-69 所示。两关键帧之间仅隔 0:01 秒的时间，更准确地表达了"瞬间"的变色。变色的效果如图 3-70 所示。

图 3-69　添加 Hue/Saturation 插件

图 3-70 变色效果

2）拖动时间指示器到"0:00:02:00"位置，鼠标单击"时间线"窗口"Channel Range"前面的"关键帧"图标 ，在此位置添加关键帧，关键帧参数不做更改，与前一关键帧参数相同；调整时间指示器到"0:00:02:01"位置，调整"Channel Range"参数为"1x+65.0°"；调整时间指示器到"0:00:03:00"位置上，单击"时间线"窗口"Channel Range"前面的"关键帧"图标 ，在此位置添加关键帧，参数与"0:00:02:01"位置参数相同；调整时间指示器到"0:00:03:01"位置，调整"Channel Range"参数为"1x+190.0°"；调整时间指示器到"0:00:04:00"位置上，单击"Channel Range"前面的"关键帧"图标 ，在此位置添加关键帧，参数的设置与"0:00:03:01"位置上的参数相同；再调整时间指示器到"0:00:04:01"位置，设置"Channel Range"参数为"-1x+-35.0°"，如图 3-71 所示。跑车的瞬间变色效果如图 3-72 所示。

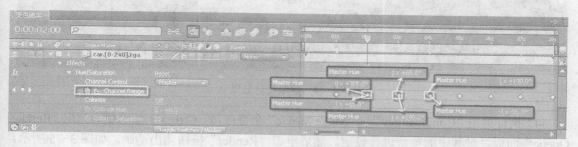

图 3-71 Master Hue 关键帧参数设置

图 3-72 瞬间变色效果

在"0:00:02:01"位置上设置关键帧并调整颜色后，当时间指示器调整至"0:00:03:00"位置时参数不做更改，两个关键帧之间的颜色不作变化；当设置"0:00:03:01"关键帧时，再对"Channel Range"选项参数进行更改。其后的关键帧参数设置道理相同。

3）拖动时间指示器到"0:00:05:00"位置，"Channel Range"的参数保留为"0:00:04:00"位置上的"–1x+–35.0°"；调整时间指示器到"0:00:06:00"位置上，设置"Channel Range"参数为"–1x+60.0°"；调整时间指示器到"0:00:07:00"位置上，设置"Channel Range"参数为"0x+–300.0°"；调整时间指示器到"0:00:08:00"位置上，设置"Channel Range"参数为"0x+–170.0°"，如图3-73所示。从"0:00:05:00"位置开始，至"0:00:08:00"位置上，每一秒位置均只设置一个关键帧，然后对"Channel Range"参数进行调整设置，跑车颜色的变色则由前一帧颜色，逐渐演变到后一帧的颜色，形成一个逐渐变色的过程，其效果如图3-74所示。

图 3-73　Master Hue 关键帧参数设置

图 3-74　逐渐变色效果

4）执行菜单"Composition"→"Make Movie"命令或按〈Ctrl+M〉组合键，弹出"Render Queue"面板，对其中的参数进行设定，然后单击"Render"按钮输出动画，如图3-75所示。

图 3-75　渲染与输出

3.6　课后练习

　　题目：晴转雨天效果——雨打荷花

　　规格：制式为"PAL D1/DV"，时间为8s。

　　要求：通过插件的结合运用，把一段晴天的荷花短片视频，变为雨打荷花的情境，重点表现雨中荷花的朦胧美态。注意晴天与雨天的天气变化，雨景的远近效果对比等。

第4章 After Effects CS4 光效技术应用

学习目标
- 了解光效技术在影视作品中的作用
- 掌握外挂插件的安装及应用
- 熟练光效技术的制作技法

光效是影视特效中最主要的组成部分。作为修饰画面的主要元素，基本上每一个特效的制作中，都需要结合光效的使用。光效技术的应用，为各种影视特效增添了美感和动感。

在各种影视节目制作中，随处可见光效技术的应用。影视节目中文字的滚动或影片片段过场的制作，很多都运用到了闪烁的光效，或者发光的光效，来使其更加绚丽多彩。

随着影视特效的兴起、发展，影视特效的制作也越来越广泛。光效作为特效制作中不可缺少的重要要素，通过灵活的运用，可以实现各种炫耀、绚丽、玄幻等效果，给人以震撼、安祥、激动等情绪的牵引。如在爆炸特效的制作上，除了其壮观震憾的飞沙走石效果外，通过利用光效表现其爆炸的壮烈，再结合声音功能，可使其更趋完美；又如在各种影视节目的开场片头制作时，标题文字飞入时所划过的光迹，这类特效均需要利用光效来对其进行修饰表现。在光效的制作上，Adobe After Effects 无疑是最优秀的，随着应用范围的扩展，除了 After Effects 本身自带的光效特效外，许多软件商针对此类效果也开发了很多光效插件，这使得光效的效果更加完美，可以制作出更多的效果。

【任务背景】好的影视作品需要推广，剪辑其中吸引人的片段，对其进行编辑和添加特效，不但起到转场的过渡性，还能更好的体现影视作品的趣味性等；节目的播放需要前奏，以前奏的特效表达该节目主体内容，可以引起人们观看的兴趣。

【任务目标】学习外挂插件的安装使用，并掌握发光特效的操作运用方法和技巧。

【任务分析】安装外挂插件，了解外挂插件的使用，将软件自带插件与外挂插件结合起来运用，还有对摄像机的使用。

4.1 基础知识讲解

4.1.1 任务1：外挂插件的安装与使用

外挂插件是由第三方软件商根据软件的使用要求或应用范围等而进行开发的插件，而非官方软件本身自带的插件。外挂插件需要经过安装并注册才能进行应用。

After Effects 外挂插件的安装大体可分为两种形式，下面就此两种安装方式进行详细讲解。

1. 需要安装并通过注册才能正常使用的外挂插件

1）打开存放外挂插件的目录，如有需要解压的文件，即对该文件进行解压，再打开外挂插件文件夹，然后鼠标左键双击其中的"外挂插件安装"图标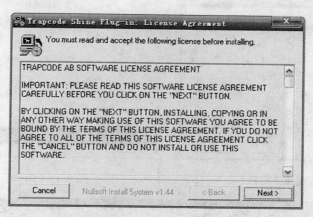（此处以 Trapcode Shine 1.06 外挂插件的安装为例进行讲解），即会弹出该插件的安装对话框，在安装对话框中有详细的安装说明，如图 4-1 所示。

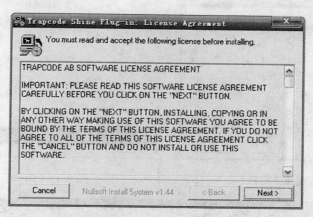

图 4-1　外挂插件安装对话框

2）单击"Next"按钮后进入下一级安装操作，单击其中的"Browse"按钮，弹出"浏览文件夹"对话框，在其中选择插件的安装路径，如"C:\Program Files\Adobe\Adobe After Effects CS4\Support Files\Plug-ins"，如果用户的 Adobe After Effects 安装目录为 D 盘，则在 D 盘中找到"Adobe\Adobe After Effects CS4\Support Files\Plug-ins"文件夹路径即可，再单击"确定"按钮完成安装路径的选择，如图 4-2 所示。

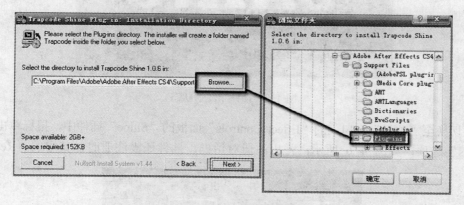

图 4-2　插件安装路径选择

☞提示：

　　每个用户对于软件的安装目录不同，但是，不管软件安装在哪个磁盘上，都需要找到其安装目录下的"Plug-ins"文件夹，将插件安装到此文件夹中。

3）单击"Next"按钮开始安装外挂插件，插件的安装时间非常短，很快即可安装完毕。完成安装后，单击"Close"按钮即可，如图 4-3 所示。

4）外挂插件安装完成后，打开 After Effects 软件，执行菜单"Effect"→"Trapcode"命令，用户可以看到"Trapcode"菜单中已有插件"Shine"，如图 4-4 所示。但是，此时的插件还不能够进行使用，在"合成"窗口中可以看到画面上显示的红色交叉虚线，表示该插件还未进行注册，如图 4-5 所示。

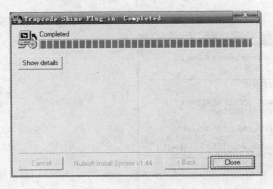

图 4-3 完成插件安装

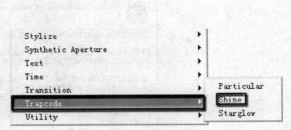

图 4-4 "Shine"插件菜单

图 4-5 插件未注册状态

5）切换至"项目"窗口上的"Effect Controls"面板的"Shine"插件中，鼠标单击插件的"Options"选项，如图 4-6 所示；弹出注册对话框，插件还没注册时，其中的"Registered

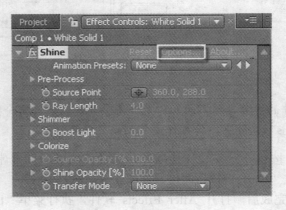

图 4-6 应用外挂插件

to"选项显示的名称为"Not registered","Key"选项中显示为"Demo","Valid for"选项显示为"0",即是为未注册,如图4-7所示。单击"Enter Key"按钮,弹出"Enter Key"对话框,在"Name"文本框处输入注册码的名称(此处以"Shine"作为示例),再在"Key"输入框处输入注册码,再单击"Register"按钮确认,如图4-8所示。

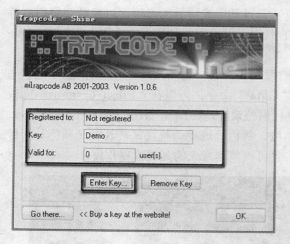

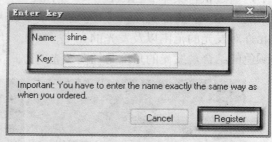

图4-7 插件未注册　　　　　　　　　　　图4-8 输入注册码

6)完成注册码的输入后,注册对话框中"Registered to"处显示的名称即为"shine",在"Key"处显示注册码,在"Valid for"处即变为"255",再单击"OK"按钮完成注册,如图4-9所示。完成外挂插件的注册后,在"合成"窗口中所显示的红色交叉虚线会自动去除,此时即可对插件的参数等进行编辑应用,如图4-10所示。

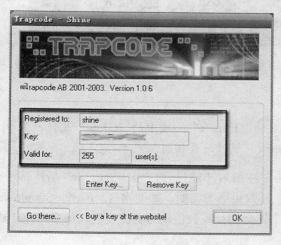

图4-9 完成注册　　　　　　　　　　　图4-10 外挂插件已注册

不同的插件在安装时需要输入注册码的时机也可能不同,有的插件在安装的时候就要进行输入注册码,有的在安装后,打开 After Effects 对插件应用时才进行注册。

2. 不需要进行安装的插件

在个人计算机上打开存放外挂插件的目录,当插件的图标显示为▦样式,表明此类插件不需要进行安装，可直接进行复制并粘贴到 After Effects 安装目录"Adobe\Adobe After Effects CS4\Support Files\Plug-ins"中即可使用。

4.1.2 任务 2：发光特效

在影视制作中，发光特效的应用最为广泛，通过利用光特效的表现，以视觉效果提高感观上的感受。在 After Effects 中，发光特效的制作可以运用各种插件来实现。下面就 After Effects 中常用的几种发光特效进行分析。

在 After Effects 默认环境下，最常运用的发光插件之一是 Glow。在选择固态层的状态下，通过执行菜单"Effect"→"Stylize"→"Glow"命令，可以在"Effect Controls"面板中展开 Glow 插件属性，对其中的各项参数进行调整设置，如图 4-11 所示。Glow 插件中，允许对发光的范围以及发光的亮度、模式、角度、颜色等进行调整设置，其发光颜色是两种颜色的结合，发光的角度是径向发光的方式，且可调节其发光的光线模糊程度。

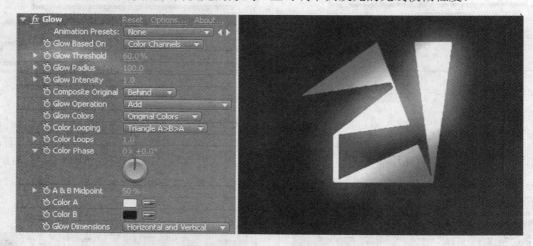

图 4-11 Glow 插件属性

☞提示：

另外，可以在添加该插件的层中，展开该层的"Effects"选项中的"Glow"属性，其中的属性设置与"Effects Controls"面板中的"Glow"属性设置相同。

Starglow 插件是外挂插件，需要通过安装并注册后才能进行应用。Starglow 插件基于 Glow 插件的基础上，相对于 Glow 插件来说，其效果更为绚丽，如图 4-12 所示。Starglow 插件最大的特点是以八个方向散发光线，且每个方向的光线颜色均可更改设置，最多可达 10 种颜色。

而在 Shine 插件的发光特效中，最常见的就是作用于各种爆炸等特效中，其颜色设置数量可达到 4 种，如图 4-13 所示。相对于上述的 Glow 和 Starglow 插件，Shine 最主要的是可以对发光的中心点的位置进行设置，可以把中心发光点设置在任意位置。

各种发光特效对颜色的设置调整，都可以通过鼠标单击特效属性"设置颜色"选项中的颜色块，在弹出的"颜色选择"对话框中选择颜色，从而改变光线的颜色。Glow 插件的光线颜色设置相对来说较为简单，如图 4-14 所示。

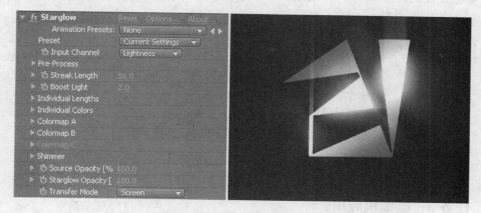

图 4-12　Starglow 插件属性

图 4-13　Shine 插件属性

图 4-14　Glow 插件颜色设置

在 Starglow 插件的颜色设置中，分别对"Colormap A"和"Colormap B"选项展开，在"Type/Preset"选项下拉列表中选择光线颜色的设置个数，然后再对每个颜色进行设置，如图 4-15 所示。

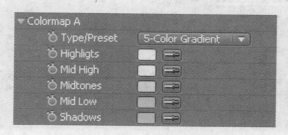

图 4-15　Starglow 插件颜色设置

Shine 插件颜色的设置在"Colorize"选项中，允许从中对光线颜色的个数进行选择，再对光线颜色进行设置，如图 4-16 所示。

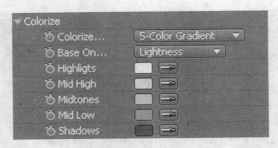

图 4-16　Shine 插件颜色设置

4.1.3　任务 3：摄像机应用

摄像机通常是应用于 3D 工作方式下，通过调整摄像机的位置或角度等，可以从不同的角度对对象进行观察。在合成图像的默认状态下，是不包含有摄像机的。在 After Effects 中，通过执行菜单"Layer"→"New"→"Camera"命令或按〈Ctrl+Alt+Shift+C〉组合键，可以建立摄像机。在同一个场景中允许放置多个摄像机，在摄像机视窗中可以以摄像机视角观看合成效果。

1. 摄像机的建立

摄像机建立的前提是要有一个合成，创建了合成后，可以通过执行菜单"Layer"→"New"→"Camera"命令新建立一个摄像机，在弹出的"Camcra Settings"对话框中可以对摄像机的各种参数进行设定，如图 4-17 所示。

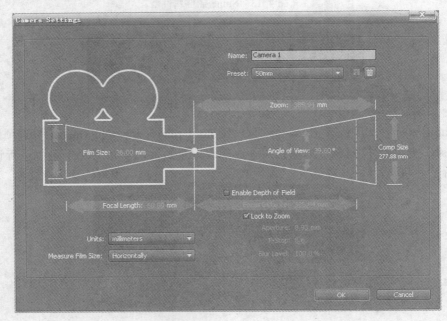

图 4-17　"Camera Settings"对话框

可以在"时间线"窗口中或"合成"窗口中单击鼠标右键，在弹出的菜单中选择"New"→"Camera"命令来建立摄像机，或者直接按〈Ctrl+Alt+Shift+C〉组合键进行创建。在时间线中用鼠标右键菜单创建摄像机时，不能选中任何层，只有在空白位置点击鼠标右键才会显示新建菜单。

在"Camera Settings"对话框中，"Name"文本框中可以命名摄像机的名称。当需要建立多个摄像机时，在默认的状态下，系统会按照摄像机的创建顺序，而将摄像机命名为"Camera 1"、"Camera 2"、"Camera 3"、…，依此类推。

在"Units"下拉列表中可以选择各项参数所使用的单位，如"pixels（像素）"、"inches（点）"和"millimeters（毫米）"等。

"Measure Film Size"允许在其下拉列表中选择摄像机胶片尺寸的计算方式。允许使用的计算胶片尺寸方式有"Horizontally（水平）"、"Vertically（垂直）"或"Diagonally（对角）"。

对于镜头的类型，在"Camera Settings"对话框中的"Preset"下拉列表中可以进行选择。可供选择的常用类型镜头有 9 种，其中包括了从标准的 35mm 镜头，至视野范围极大的 15mm 广角镜头和 200mm 的鱼眼镜头等。

15mm 广角镜头基于极大的视野范围，所能看到的空间更为广阔，如图 4-18 所示，是摄像机与拍摄对象间的位置。而 200mm 鱼眼镜头以类似于鱼类的视线观察景象，其视野范围极小，所产生的透视变形小至几乎接近无，如图 4-19 所示。

图 4-18　15mm 广角镜头

图 4-19　200mm 鱼眼镜头

　　35mm 的标准镜头相对来视野窄一些，基于人眼的视觉定位影像范围，如图 4-20 所示。

图 4-20　35mm 标准镜头

真实摄像机的镜头聚集效果，在 After Effects 中都能够实现，基于镜头聚集点的不同，会出现远近虚实的不同效果。通过镜头聚集可以产生真实的空间效果，对镜头焦点的调节可影响影片重心等效果。

勾选"Camera Settings"对话框中的"Lock Zoom"选项，可将焦点锁定到镜头。在调整改变镜头的视角时，焦点也将与其共同变化，使画面保持相同的聚集效果。

在建立了摄像机之后，系统则会在"时间线"窗口中添加一个摄像机层，通过展开其"Transform"和"Camera Options"选项，可以对其中的各项参数进行设置，如图 4-21 所示。

在"Zoom"、"Angle of View"、"Film Size"和"Focal Length"栏中可对摄像机的镜头视觉进行设置。因为这几个参数之间是相互关联的关系，若对其中的某一项参数进行调整设置，其他参数的值也会随之而改变。"Zoom"可以对摄像机的视觉范围和层平面间的距离进行设置。"Angle of View"可对摄像机可拍摄的宽度范围进行调整，当数值越小的时候，就越接近于鱼眼镜头的效果，即可视范围也就越小；反之，数值越大则可视范围越大，越接近于广角镜头。"Film Size"可以是通过指定胶片用于合成图像的尺寸面积。"Focal Length"可设置摄像机的焦点长度。"Aperture"影响镜头光圈尺寸，与焦距到光圈比例的"F-Stop"是相互联动的作用。"Blur Level"控制聚集效果的模糊程度，参数为 0 时不产生模糊效果。

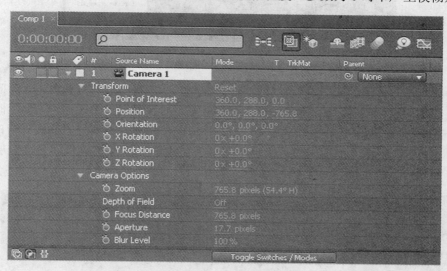

图 4-21 "时间线"窗口中的摄像机属性

☞提示：

若要对已建立的摄像机进行参数修改，可以用鼠标双击"时间线"窗口中摄像机层的名称，在弹出的"建立摄像机"对话框中进行修改。

2. 摄像机的变化属性调整

摄像机的变化属性包含了"Point of Interest（目标点）"、"Position（位置）"、"Rotation（旋转）"等。如果需要用摄像机浏览动画，可对这些属性进行调整设置。

在为合成添加摄像机后，允许在"合成"窗口中选择所需要的摄像机显示方式：鼠标单击"合成"窗口右下角处的"Active Camera"下拉列表，从中选择所需要的摄像机视图显示方式。此菜单中包括了合成中所添加的全部摄像机，可以从中选择所要使用的摄像机，如图 4-22 所示。

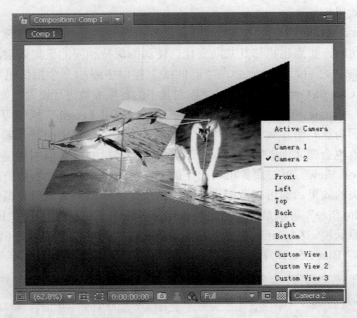

图 4-22　摄像机视窗

为合成添加了摄像机后，切换至"时间线"窗口，在选择层后，鼠标单击"时间线"窗口中的按钮，层即会转换为三维状态，有 x 轴、y 轴、z 轴的调整。用户若在"时间线"窗口中没看到按钮，通过单击"时间线"窗口下方的按钮，可对"时间线"窗口进行延展，即可显示三维图标，如图 4-23 所示。通过为层添加三维操作效果，允许对层进行 x 轴、y 轴、z 轴的调整设置，如图 4-24 所示。

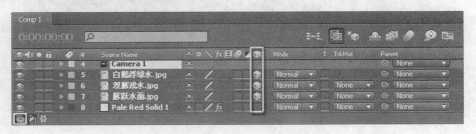

图 4-23　"时间线"窗口三维显示方式设置

但是，通常来说，为合成添加摄像机，只是需要对摄像机层进行调整设置，而对于其他层，尽可能不进行更改调整。

摄像机的目标点和参数，可以在"时间线"窗口中进行调节。另外，可通过选择工具箱中的"选择"工具或按〈V〉键，选择摄像机层后，在"合成"窗口中对显示的摄像机进行移动。当把鼠标指向摄像机的坐标轴进行移动时，能移动的对象除了摄像机外，还会对目标点进行移动；若把鼠标指向摄像机时，仅是移动摄像机的位置。

图 4-24　层的三维设置效果

　　摄像机的推、拉、摇、移、跟 5 种拍摄动画方式，可通过对摄像机层的参数进行调整设置，或者调整摄像机的 x 轴、y 轴和 z 轴参数来实现。

3. 摄像机视图调整

　　为合成场景建立摄像机后，在工具箱中会显示系统提供的摄像机工具，通过此工具可对摄像机视图进行调整。而在使用工具箱中的"摄像机"工具对摄像机进行调整时，不会影响摄像机的变化属性，也不会记录动画。

　　工具 ▣ 允许对摄像机视图进行旋转。在工具箱中选择该工具后，移动鼠标到摄像机视图中，左右拖动鼠标可以水平旋转摄像机视图；上下拖动鼠标则可垂直旋转摄像机视图。

　　工具 ▣ 允许对摄像机视图进行移动。在工具箱中选择该工具后，移动鼠标到摄像机视图中，左右拖动鼠标可以水平移动摄像机视图；上下拖动鼠标则可垂直移动摄像机视图。

　　工具 ▣ 允许拉远或推近摄像机视图，但只是相对于 z 轴来说。在工具箱中选择该工具后，移动鼠标到摄像机视图中，鼠标向下拖动可以拉远摄像机视图；鼠标向上拖动则推近摄像机视图。

4.2　实例应用：流光异彩光效

4.2.1　技术分析

　　本节主要使用 Fractal Noise 特效和 Bezier Warp 特效来制作流动的光影效果。

　　大体制作过程为：首先运用 Ramp 特效和 4-Color Gradient 特效，制作彩色的背景，接着使用 Fractal Noise 特效制作光线，再用 Bezier Warp 特效，形变调整光线，最后使用 Glow 特效和 Starglow 特效制作光芒，动画效果如图 4-25 所示。

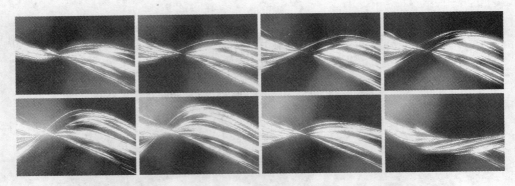

图 4-25　最终实例动画效果

【动画文件】可以打开随书光盘"案例效果"→"CH04"→"4.2 实例应用：流光异彩光效.wmv"文件观看动画效果。

【工程文件】保存在随书光盘"源文件"→"CH 04"→"4.2 实例应用：流光异彩光效 folder"中。

4.2.2　制作背景色彩与动画

1）运行 After Effects CS4 软件，执行菜单"Composition"→"New Composition"命令或按〈Ctrl+N〉组合键，弹出"新建合成"窗口，把合成命名为"流光异彩光效"，"Preset"选择"Custom"制式，"Width"设置为"720px"，"Height"设置为"480px"，"Pixel Aspect Ratio"选择为"D1/DV PAL（1.09）"，"Frame Rate"设置为"25"，"Resolution"选择为"Full"，"Duration"设置为"0:00:08:00"，如图 4-26 所示。

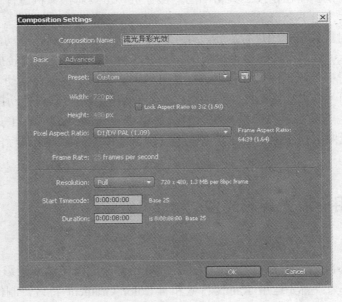

图 4-26　新建合成

2）执行菜单"Layer"→"New"→"Solid"命令或按〈Ctrl+Y〉组合键，弹出"创建固态层"窗口，给固态层命名为"背景"，"Width"设置为"720px"，"Height"设置为

"480px"，"Units"选择为"pixels"，"Pixel Aspect Ratio"选择为"D1/DV PAL（1.09）"，
"Color"设置为黑色，单击"OK"按钮完成固态层的创建，如图4-27所示。

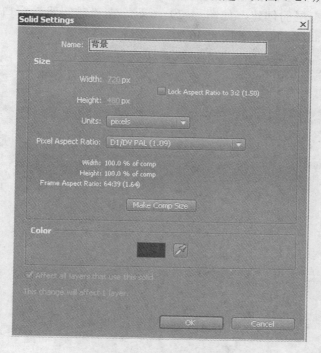

图4-27　新建固态层

3）选中"背景"层，执行菜单"Effects"→"Generate"→"Ramp"命令，设置"Start of Ramp"为"748.0，548.0"，"Start Color"为"R：0，G：30，B：127"，"End of Ramp"为"172.0，208.0"，"End Color"为"R：0，G：178，B：155"，选择"Ramp Shape"为"Radial Ramp"，如图4-28所示。

图4-28　设置Ramp特效

4）执行菜单"Layer"→"New"→"Solid"命令或按〈Ctrl+Y〉组合键，弹出"创建固态层"窗口，给固态层命名为"光"，其他参数与上述所创建的固态层参数相同，单击"OK"按钮完成固态层的创建，如图 4-29 所示。在"时间线"窗口中设置"光"层的"Mode"模式为"Hard Light"，如图 4-30 所示。

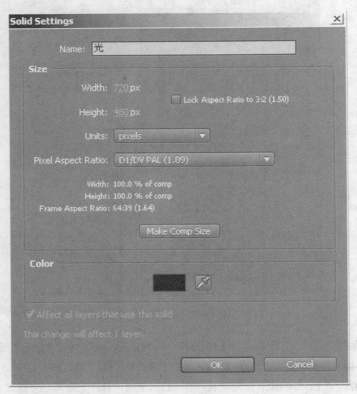

图 4-29　新建固态层

图 4-30　设置混合模式

5）在"时间线"窗口中选择"光"层，执行菜单"Effects"→"Generate"→"4-Color Gradient"命令，设置"point 1"为"-10.0，-8.0"，"Color1"颜色为"R：213，G：0，B：195"；"point 2"为"600.0，-12.0"，"Color2"颜色为"R：211，G：0，B：0"；"point 3"

为 "-12.0，500.0"，"Color 3" 颜色为 "R：13，G：0，B：181"；"point 4" 为 "600.0，500.0"，"Color 4" 颜色为 "R：0，G：174，B：8"，如图 4-31 所示。

图 4-31　设置 4-Color Gradient 特效

6）在 "时间线" 窗口中展开 4-Color Gradient 插件属性，把时间指示器拖动到 "0:00:02:00" 位置，分别打开 "point 1"、"point 2"、"point 3"、"point 4" 选项前面的关键帧记录器，如图 4-32 所示；再把时间指示器拖至到 "0:00:04:00" 位置上，设置 "point 1" 为 "220.0，300.0"，"point 2" 为 "430.0，225.0"，"point 3" 为 "325.0，130.0"，"point 4" 为 "325.0，400.0"，如图 4-33 所示；再把时间指示器拖至 "0:00:06:00" 位置上，设置 "point 1" 为 "600.0，500.0"，"point 2" 为 "-15.0，500.0"，"point 3" 设置为 "620.0，-15.0"，"point4" 为 "-10.0，-15.0"，如图 4-34 所示。

图 4-32　设置 4-Color Gradient 动画 1

图 4-33　设置 4-Color Gradient 动画 2

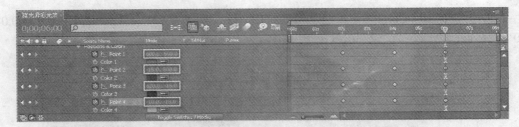

图 4-34　设置 4-Color Gradient 动画 3

4.2.3　制作光线与动画

1）执行菜单"Layer"→"New"→"Solid"命令或按〈Ctrl+Y〉组合键，弹出"创建固态层"窗口，给固态层命名为"光线"，其他的参数均保留为默认值，然后单击"OK"按钮新建固态层，如图 4-35 所示。将"时间线"窗口中的"光线"层的"Mode"模式更改为"Add"，如图 4-36 所示。

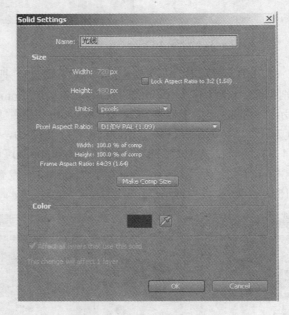

图 4-35　新建固态层

图 4-36　混合模式

2）选择"光线"层，执行菜单"Effect"→"Noise & Grain"→"Fractal Noise"命令，给层添加特效。在"Effect Controls"面板中展开"Fractal Noise"特效属性，勾选"Invert"选项，设置"Contrast"为"600.0"，"Brightness"为"–50.0"，去除"Uniform Scaling"选项的勾选，设置"Scale Width"为"400.0"，"Scale Height"为"30.0"，其他参数保持默认，如图4-37处所示。

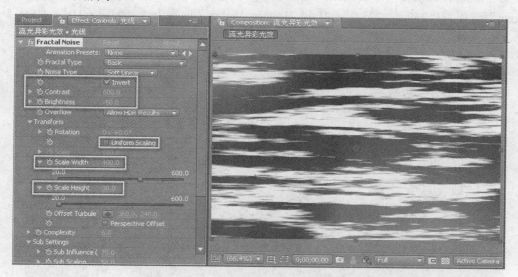

图 4-37 设置 Fractal Noise 特效

3）在"时间线"窗口中展开 Fractal Noise 插件属性，把时间指示器拖动到 0 秒位置，打开"Sub Rotation"选项前面的关键帧记录器，参数保持为默认的设置，如图 4-38 所示；再把时间指示器拖至"0:00:07:29"位置上，设置"Sub Rotation"选项为"3x+0.0°"，如图4-39 所示。

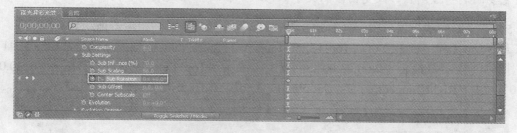

图 4-38 设置 Fractal Noise 动画 1

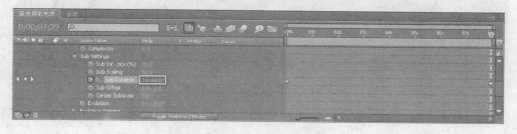

图 4-39 设置 Fractal Noise 动画 2

4）执行菜单"Effects"→"Distort"→"Bezier Warp"命令，设置"Top Left Vertex"选项为"–200.0，180.0"，"Top Left Tangent"选项为"200.0，390.0"，"Top Right Tangent"选项为"250.0，90.0"，"Right Top Vertex"选项为"860.0，290.0"，"Right Top Tangent"选项为"730.0，160.0"，"Right Bottom Tang"选项为"790.0，330.0"，"Bottom Right Vertex"选项为"820.0，530.0"，"Bottom Right Tang"选项为"240.0，225.0"，"Bottom Left Tangent"选项为"230.0，225.0"，"Left Bottom Vertex"选项为"–60.0，60.0"，如图 4-40 所示。

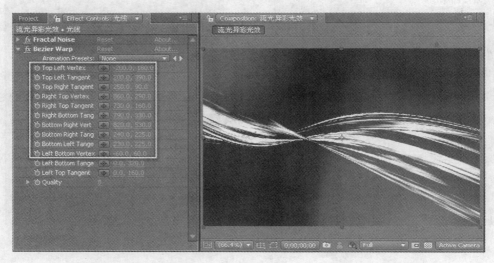

图 4-40　设置 Bezier Warp 特效

☞提示：

Bezier Warp 特效在层的边界上沿一条封闭的 Bezier 曲线使图像变形，用户可以根据个人的需要而调整控制点，改变曲线的大小和形状，扭曲图像效果。

5）在"时间线"窗口中展开 Bezier Warp 插件属性，把时间指示器拖动到 0 秒位置，分别打开"Top Left Vertex"和"Top Right Tangent"选项前面的关键帧记录器，如图 4-41 所示；把时间指示器拖至"0:00:03:00"位置上，设置"Top Left Vertex"选项为"–220.0，440.0"，"Top Right Tangent"选项为"500.0，35.0"，如图 4-42 所示。

图 4-41　设置 Bezier Warp 动画 1

6）把时间指示器拖至"0:00:06:00"位置上，设置"Top Left Vertex"选项为"–240.0，520.0"，"Top Right Tangent"选项为"135.0，–200.0"，如图 4-43 所示；再把时间指示器

拖至 "0:00:07:29" 位置上，设置 "Top Left Vertex" 选项为 "-100.0，30.0"，"Top Right Tangent" 选项为 "310.0，450.0"，如图 4-44 处所示。完成关键帧的设置后，得到的动画效果如图 4-45 所示。

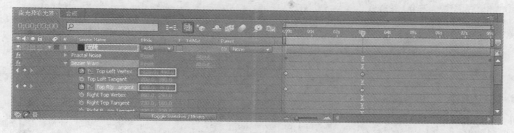

图 4-42　设置 Bezier Warp 动画 2

图 4-43　设置 Bezier Warp 动画 3

图 4-44　设置 Bezier Warp 动画 4

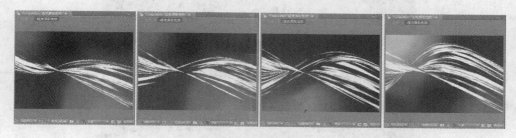

图 4-45　动画效果

7）选中 "光线" 层，执行菜单 "Effect" → "Stylize" → "Glow" 命令，给 "光线" 层添加发光效果。设置 "Glow Radius" 为 "40.0"，"Glow Intensity" 为 "2.0"，选择 "Glow Colors" 模式为 "A&B Colors"，"Color Looping" 为 "Sawtooth B>A"，然后设置 "Color A" 颜色为 "R：240，G：255，B：0"，"Color B" 颜色为 "R：0，G：124，B：250"，如

图 4-46 所示。

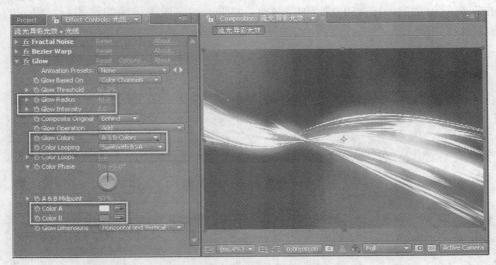

图 4-46　设置 Glow 特效

4.2.4　添加 Starglow 特效

1）执行菜单 "Composition" → "New Composition" 命令或按〈Ctrl+N〉组合键，弹出 "新建合成" 窗口，将文件命名为 "合成"，"Preset" 选择为 "Custom" 制式，"Width" 设置为 "720px"，"Height" 设置为 "480px"，"Pixel Aspect Ratio" 选择为 "D1/DV PAL(1.09)"，"Frame Rate" 设置为 25，"Resolution" 选择为 "Full"，"Duration" 设置为 "0:00:08:00"，如图 4-47 所示。把 "流光异彩光效" 合成拖到 "合成" 的 "时间线" 窗口中，如图 4-48 所示。

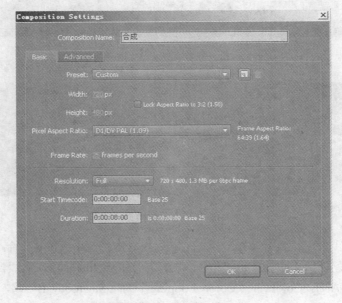

图 4-47　新建合成

图 4-48 将"流光异彩光效"合成加入到"合成"中

2）选中"流光异彩光效"层，执行菜单"Effect"→"Trapcode"→"Starglow"命令，将"Streak Length"设置为"3.0"，"Colormap A"下的"Type/preset"属性选择为"Blue Prism"，如图 4-49 所示。

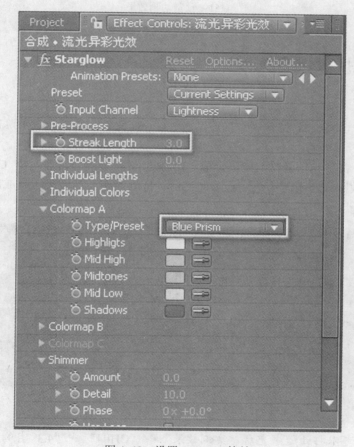

图 4-49　设置 Starglow 特效

3）执行菜单"Composition"→"Make Movie"命令或按〈Ctrl+M〉组合键，弹出"Render Queue"面板，对其中的参数进行设定，然后单击"Render"按钮输出动画，如图 4-50 所示。得到的最终动画效果如图 4-51 所示。

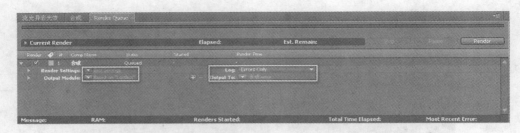

图 4-50　输出渲染

图 4-51　预览动画效果

4.3　实例应用：心电图光效

4.3.1　技术分析

本节主要应用了 Vegas 特效制作描边动画，Glow 特效制作发光效果，在此基础上完成心电图光效的效果。

制作过程为：首先导入素材，创建合成，用 Ramp 特效制作背景，用 Grid 特效制作网格，用 Vegas 特效制作心电图动画，再添加 Glow 特效制作发光效果，完成制作，最终动画效果如图 4-52 所示。

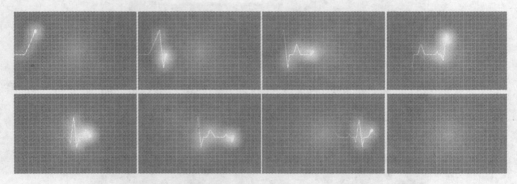

图 4-52　预览动画效果

【动画文件】可以打开随书光盘"案例效果"→"CH04"→"4.3 实例应用：心电图光效.wmv"文件观看动画效果。

【工程文件】保存在随书光盘"源文件"→"CH04"→"4.3 实例应用：心电图光效"中。

4.3.2　导入素材并制作背景

1）运行 After Effects CS4 软件，执行菜单"File"→"Import"→"File"命令或按〈Ctrl+I〉组合键，导入随书光盘"案例素材"→"CH04"→"4.3 心电图素材.psd"。导入素材图片后，在"项目"窗口中把"4.3 心电图素材.psd"素材拖动到"项目"窗口下方的"创建新合成"按钮 上，创建新合成，并调整素材的大小，如图 4-53 所示。

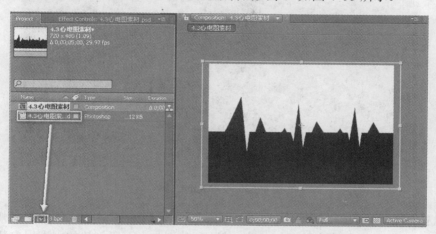

图 4-53　创建合成并调整素材

2）执行菜单"Layer"→"New"→"Solid"命令或按〈Ctrl+Y〉组合键，弹出"创建固态层"窗口，给固态层命名为"背景"，将"Width"设置为"720px"，"Height"设置为"480px"，"Units"选择为"pixels"，"Pixel Aspect Ratio"选择为"D1/DV PAL（1.09）"，"Color"设置为黑色，单击"OK"按钮完成固态层的创建，如图 4-54 所示。

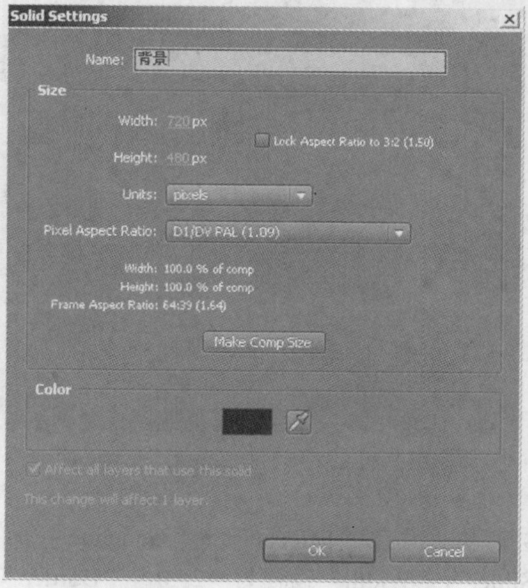

图 4-54　新建固态层

3）选中"背景"层，执行菜单"Effects"→"Generate"→"Ramp"命令，设置"Start of Ramp"为"360.0，244.0"，"Start Color"为"R：0，G：71，B：142"，"End of Ramp"为"354.0，696.0"，"End Color"为黑色，如图4-55所示。

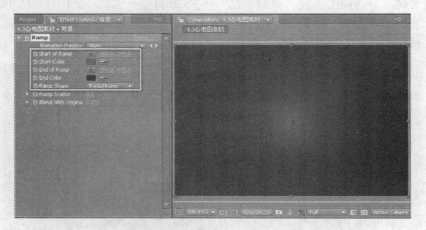

图4-55 设置Ramp特效

4）执行菜单"Layer"→"New"→"Solid"命令或按〈Ctrl+Y〉组合键，弹出"创建固态层"窗口，给固态层命名为"网格"，其他参数则与上面所创建的固态层参数相同，单击"OK"按钮完成固态层的创建，如图4-56所示。

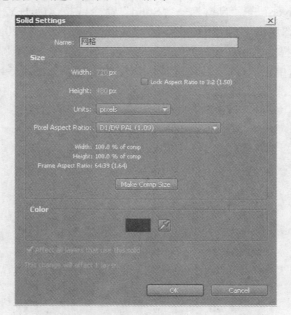

图4-56 新建固态层

5）选中"网格"层，执行菜单"Effects"→"Generate"→"Grid"命令，将"Size From"选择为"Width Slider"，"Width"设置为"25.0"，"Border"设置为"3.0"，"Color"设置为绿色，如图4-57所示。

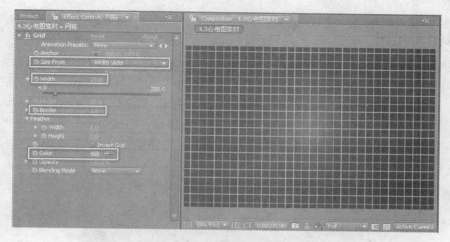

图 4-57 设置 Grid 特效

6）选中"网格"层，展开时间线中"网格"层里的"Transform"选项，设置"Opacity"为"33%"，如图 4-58 所示。设置"Opacity"后的效果如图 4-59 所示。

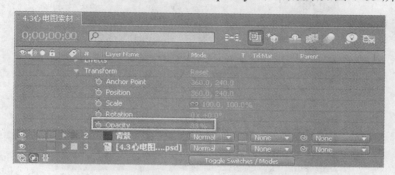

图 4-58 设置"Opacity"选项

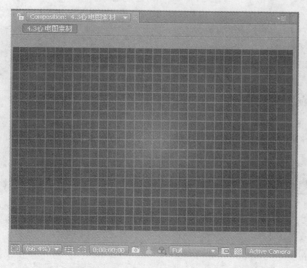

图 4-59 设置"Opacity"后的效果

4.3.3 制作心电图

1）执行菜单"Layer"→"New"→"Solid"命令或按〈Ctrl+Y〉组合键，弹出"创建固态层"窗口，给固态层命名为"心电图"，将"Width"设置为"720px"，"Height"设置为"480px"，"Units"选择为"pixels"，"Pixel Aspect Ratio"选择为"D1/DV PAL（1.09）"，"Color"设置为黑色，单击"OK"按钮完成固态层的创建，如图 4-60 所示。在"时间线"窗口中，设置"心电图"层"Mode"模式为"Add"，如图 4-61 所示。

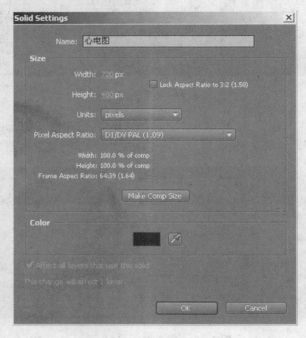

图 4-60　新建固态层

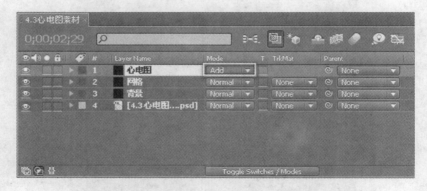

图 4-61　设置叠加模式

☞提示：

　　"Add"为叠加模式，是将原始图像及混合图像的对应像素取出来并加在一起。

2）选中"心电图"层，执行菜单"Effects"→"Generate"→"Vegas"命令，展开"Image Contours"选项，将"Input Layer"选择为"5.4.3 心电图素材.psd"，"Segments"设置为"1"，"Length"设置为"0.200"，如图 4-62 所示。

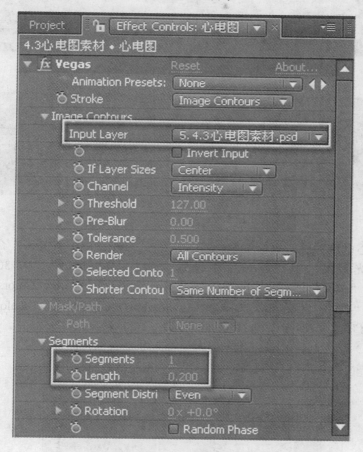

图 4-62　设置 Vegas 特效

3）选中"心电图"层，展开时间线中"心电图"层里"Effects"下的"Vegas"选项，打开"Rotation"前面的关键帧记录器，在 0 秒处插入一个关键帧，如图 4-63 所示；把时间指示器移至"0:00:04:29"位置，设置"Rotation"为"0x-300.0°"，如图 4-64 所示。按小键盘上的〈0〉键，预览动画效果，如图 4-65 所示。

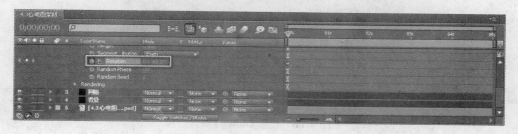

图 4-63　设置 Vegas 动画 1

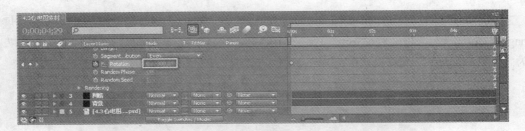

图 4-64　设置 Vegas 动画 2

图 4-65　预览动画效果

4）选中"心电图"层，执行菜单"Effect"→"Stylize"→"Glow"命令，给"心电图"层添加发光效果，在"Glow"中设置"Glow Threshold"为"30.0%"，"Glow Radius"设置为"70.0"，"Glow Intensity"设置为"4.0"，"Glow Colors"模式选择为"A&B Colors"，"Color Looping"选择为"Sawtooth B>A"，然后把"Color A"设置为黄色，把"Color B"设置为白色，如图 4-66 所示。

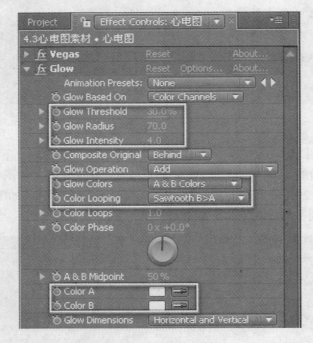

图 4-66　设置 Glow 特效

5）按〈Ctrl+D〉组合键，复制出"心电图 2"层，如图 4-67 所示。在"Effect

Controls" 面板中设置 Vegas 特效的 "Length" 为 "0.010", "Color" 为 "R: 0, G: 234, B: 255", "Width" 为 "8.00", 如图 4-68 所示。在 "Glow" 特效中设置 "Glow Threshold" 为 "19.4%", "Glow Intensity" 为 "5.0", 如图 4-69 所示。

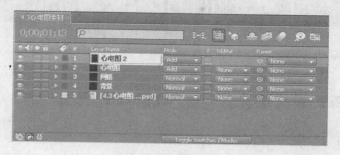

图 4-67 复制"心电图"层

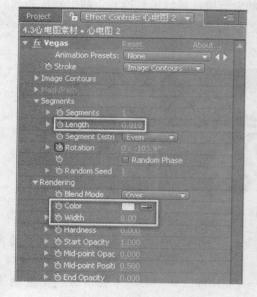

图 4-68 设置 Vegas 特效

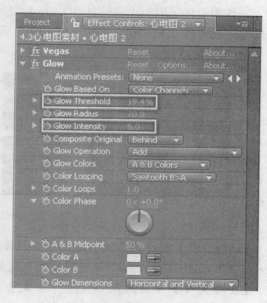

图 4-69 设置 Glow 特效

6) 完成设置后, 执行菜单 "Composition" → "Make Movie" 命令或按〈Ctrl+M〉组合键, 弹出 "Render Queue" 面板, 允许对其中的输出参数以及输出路径等进行设置, 然后单击 "Render" 按钮输出动画, 如图 4-70 所示。得到的最终动画效果如图 4-71 所示。

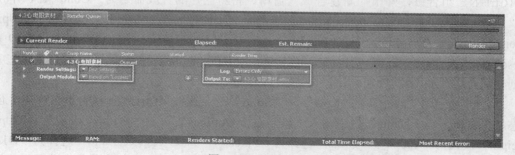

图 4-70 渲染输出

图 4-71　预览动画效果

4.4　拓展训练：重叠的光芒——3D stroke 应用

4.4.1　技术分析

本节主要运用 3D Stroke 插件、Starglow 插件等来对重叠的光芒特效进行制作。

制作的主体思想为：通过对 3D Stroke 插件的参数进行巧妙调整设置，利用制作动画的运动轨迹表现其 3D 效果，再结合 Starglow 插件的使用，使效果更加绚丽多彩。最终实例动画效果如图 4-72 所示。

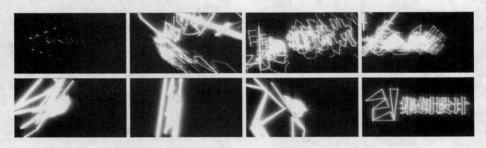

图 4-72　最终实例动画效果

【动画文件】可以打开随书光盘"案例效果"→"CH04"→"4.4 拓展训练：重叠的光芒——3D stroke 应用.wmv"文件观看动画效果。

【工程文件】保存在随书光盘"源文件"→"CH04"→"4.4 拓展训练：重叠的光芒——3D stroke 应用"中。

4.4.2　制作路径

1）打开 After Effects CS4 软件，执行菜单"Composition"→"New Composition"命令或按〈Ctrl+N〉组合键，弹出"新建合成"窗口，将新创建的合成命名为"Comp 1"，单击去除"Lock Aspect Ratio to 9:5（1.80）"选项前的比例锁定，"Width"设置为"720px"，"Height"设置为"400px"，"Pixel Aspect Ratio"选择为"D1/DV PAL（1.09）"，"Resolution"选择为"Full"，"Duration"设置为"0:00:08:00"，然后单击"OK"按钮完成设置创建新合成，如图 4-73 所示。

2）执行菜单"Layer"→"New"→"Solid"命令或按〈Ctrl+Y〉组合键，弹出"创建固态层"窗口，在"Name"栏中输入"集创设计 Outlines 2"，将"Width"设置为"720px"，"Height"设置为"400px"，"Units"选择为"Pixels"，"Pixel Aspect Ratio"选择为"D1/DV PAL（1.09）"，"Color"设置为黑色，如图 4-74 所示。单击"OK"按钮完成设置创建新固

态层，如图 4-75 所示。

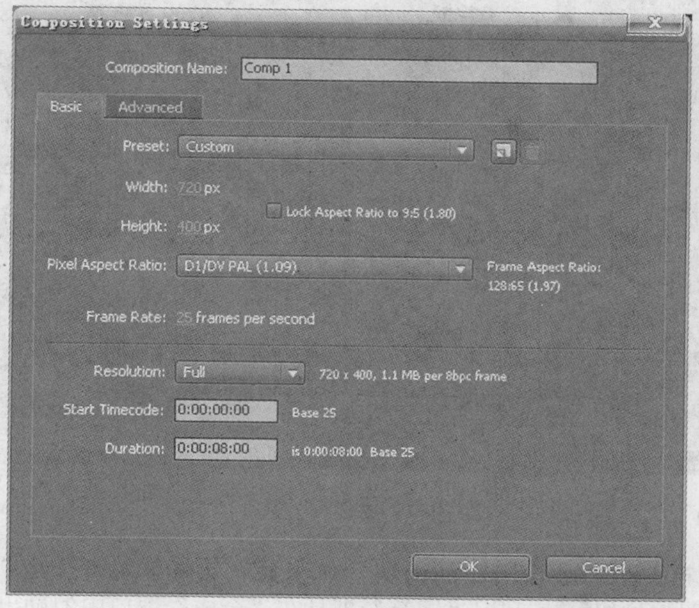

图 4-73　新建合成

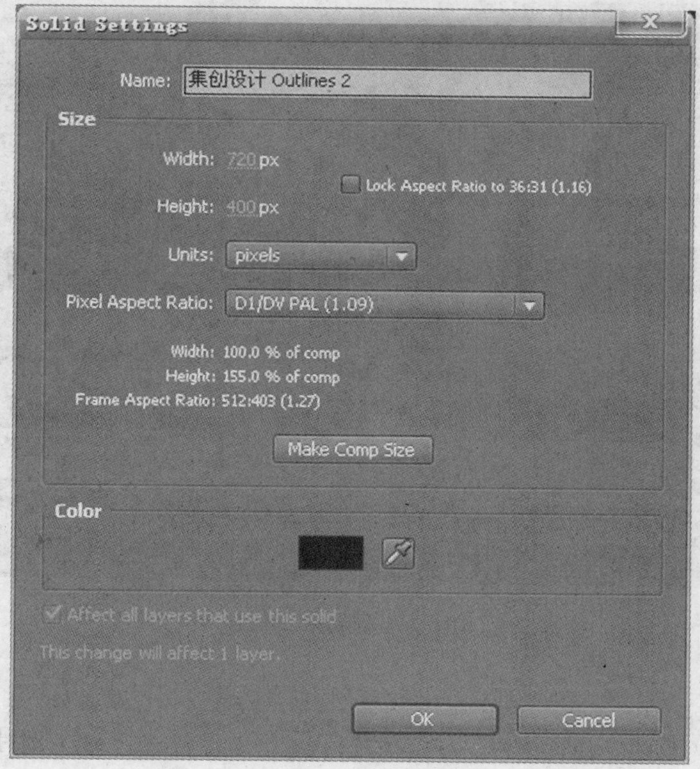

图 4-74　新建固态层

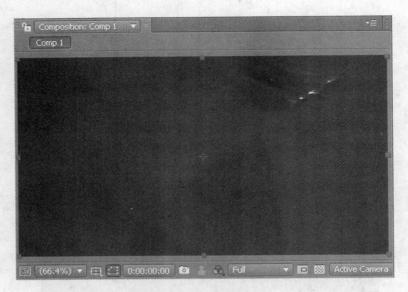

图 4-75　"合成"窗口

3）选择工具箱中的"钢笔"工具 或按〈G〉键，用鼠标单击打开"合成"窗口下方的"显示/隐藏遮罩"按钮 ，利用"钢笔"工具在"合成"窗口中勾勒出标志的轮廓，如图 4-76 所示。

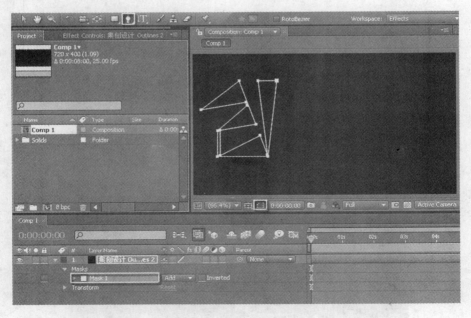

图 4-76　勾勒标志路径

☞提示：

　　在勾勒标志轮廓路径的过程中，可以通过结合〈Ctrl〉键或〈Alt〉键对路径节点的位置以及路径弧度等进行调整。

4）选择工具箱中的"文字"工具█或按〈Ctrl+T〉组合键，弹出"Paragraph"面板，用鼠标单击"合成"窗口，在出现的文字输入光标处输入"集创设计"字样，在"时间线"窗口中自动生成一个名为"集创设计"的文字层；鼠标框选文字，在"Paragraph"面板中选择文字字体为"FZCuSong-B09"，设置字号大小为"122px"，文字颜色设置为白色，其他参数保持默认值。隐藏"集创设计 Outlines 2"层，把文字层拖放到"集创设计 Outlines 2"层的下面，效果如图 4-77 所示。

图 4-77　输入并设置文字

5）选择文字层，执行菜单"Layer"→"Create Masks from Text"命令，载入文字路径，在"时间线"窗口中自动生成一层根据文字轮廓而进行勾勒的文字路径层，而文字层也会自动隐藏，所得到的路径效果如图 4-78 所示。

图 4-78　载入文字路径

☞提示：

　　在选择路径层的状态下，通过执行菜单"Layer"→"Solid Settings"命令或按〈Ctrl+Shift+Y〉组合键可更改层的颜色。

6）切换到"时间线"窗口，展开文字路径层，按住〈Shift〉键复选所有路径，再按〈Ctrl+C〉组合键复制路径，如图 4-79 所示；然后选择绘制标志路径的层，按〈Ctrl+V〉组合键进行粘贴，如图 4-80 中①处所示，所得到的路径效果如图 4-80 中②处所示。最后，选择文字路径层和文字层，按〈Delete〉键删除。

图 4-79　复选路径并复制路径

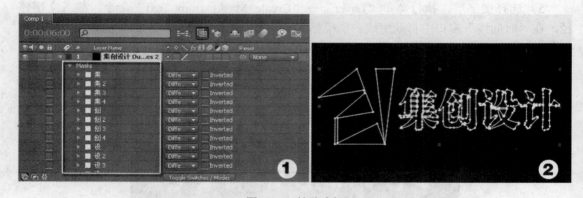

图 4-80　粘贴路径

4.4.3　插件参数调整设置

1）选择"集创设计 Outlines 2"路径层，执行菜单"Effect"→"Trapcode"→"3D Stroke"命令，在"时间线"窗口中展开"3D Stroke"插件属性，拖动时间指示器到 0 秒位置，分别打开"3D Stroke"属性中"Thickness"选项和"Start"选项前面的关键帧记录器，设置"Thickness"为"4.0"，"Start"为"100.0"；然后将时间指示器拖到 6 秒位置上，设置"Thickness"为"2.0","Start"为"0.0",如图 4-81 所示。在时间指示器 6 秒位置上的显示效果如图 4-82 所示。

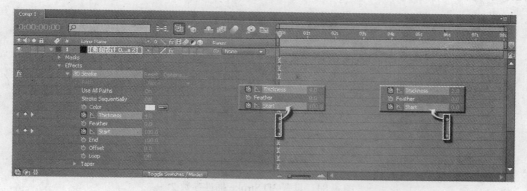

图 4-81　添加 3D Stroke 插件并设置参数

图 4-82　3D Stroke 插件效果

2）展开"3D Stroke"属性中的"Transform"选项，把时间指示器拖到 0 秒处，设置"XY Position"参数为"360.0，310.0"，分别打开"X Rotation"、"Y Rotation"、"Z Rotation"前面的关键帧记录器，设置"X Rotation"为"0x+0.0°"，"Y Rotation"为"0x+0.0°"，"Z Rotation"为"0x+0.0°"；再拖动时间指示器到 6 秒位置，设置"X Rotation"为"1x+0.0°"，"Y Rotation"为"1x+0.0°"，"Z Rotation"为"1x+0.0°"，如图 4-83 所示。

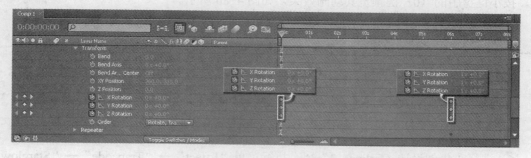

图 4-83　设置 3D Stroke 插件参数 1

3）将时间指示器拖到 0 秒位置，展开"3D Stroke"属性中的"Repeater"选项，设置"Symmetric Doubler"为"Off"，打开其中的"Instances"前面的关键帧记录器，设置其参数

为"10",再把时间指示器拖到 6 秒位置，设置其参数为"0"，设置"Scale"参数为
"172.0"，如图 4-84 所示。

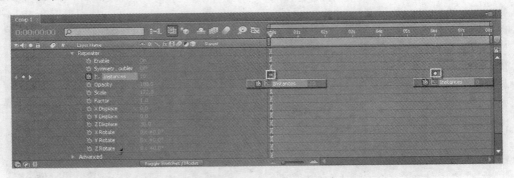

图 4-84　设置 3D Stroke 插件参数 2

4）展开"3D Stroke"属性中的"Camera"选项，拖动时间指示器到 0 秒位置，设置
"XY Position"参数为"360.0，310.0"，打开"Y Rotation"前面的关键帧记录器，设置参数
为"0x+45.0°"，再把时间指示器拖到 6 秒位置，设置"Y Rotation"参数为"0x+0.0°"，
如图 4-85 所示。

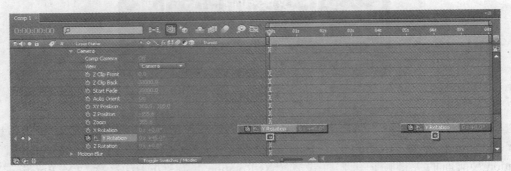

图 4-85　设置 3D Stroke 插件参数 3

5）完成在 3D Stroke 插件中上述参数的设置后，对于插件中其他的参数，则保持为默认
值，按小键盘中的〈0〉键预览其动画效果，如图 4-86 所示。

图 4-86　3D Stroke 插件动画效果

6）选择"集创设计 Outlines 2"层，执行菜单"Effect"→"Trapcode"→"Starglow"
命令，给层添加 Starglow 插件特效。展开 Starglow 特效参数设置，用户可以对其中的各
项参数进行调整设置（此处的 Starglow 特效参数保留默认状态即可），如图 4-87 和图 4-88
所示。

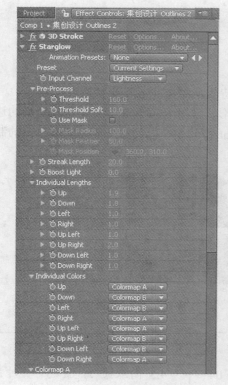

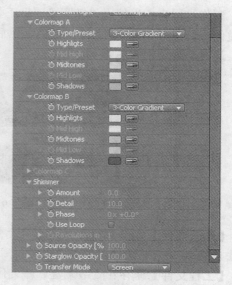

图 4-87　设置 Starglow 插件参数 1　　　　　　图 4-88　设置 Starglow 插件参数 2

7）完成特效的添加与动画的设置后，按小键盘上的〈0〉键可对 3D Stroke 特效动画进行预览，如图 4-89 所示。

图 4-89　Starglow 插件动画效果

8）执行菜单 "Composition" → "Make Movie" 命令或按〈Ctrl+M〉组合键，弹出 "Render Queue" 面板，对其中的参数进行设定，然后单击 "Render" 按钮输出动画，如图 4-90 所示。

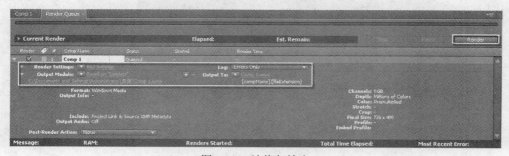

图 4-90　渲染与输出

4.5 高级技巧：震撼——冲击波光效

4.5.1 技术分析

本节使用了"椭圆遮罩"工具和 Roughen Edges 特效来制作冲击波效果。

制作过程为：先使用"椭圆遮罩"工具绘制正圆形，运用 Roughen Edges 特效把圆的边缘虚化，再使用 Shine 特效添加颜色，然后以 Particular 特效制作火的效果，完成本案例的制作。最终动画效果如图 4-91 所示。

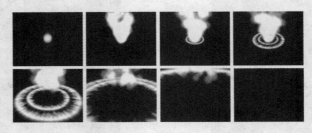

图 4-91　预览动画效果

【动画文件】可以打开随书光盘"案例效果"→"CH04"→"4.5 高级技巧：震撼——冲击波光效.wmv"文件观看动画效果。

【工程文件】保存在随书光盘"源文件"→"CH 04"→"4.5 高级技巧：震撼——冲击波光效 folder"中。

4.5.2 制作冲击波效果

1）运行 After Effects CS4 软件，执行菜单"Composition"→"New Composition"命令或按〈Ctrl+N〉组合键，弹出"新建合成"窗口，把合成命名为"波"，将"Preset"选择为"PAL D1/DV"制式，"Width"设置为"720px"，"Height"设置为"576px"，"Pixel Aspect Ratio"选择为"D1/DV PAL（1.09）"，"Frame Rate"设置为"25"，"Resolution"选择为"Full"，"Duration"设置为"0:00:08:00"，单击"OK"按钮完成合成新建，如图 4-92 所示。

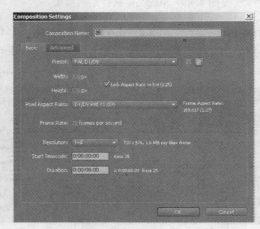

图 4-92　新建合成

2）执行菜单"Layer"→"New"→"Solid"命令或按〈Ctrl+Y〉组合键，弹出"创建固态层"窗口，给固态层命名为"白色的圆"，将"Width"设置为"720px"，"Height"设置为"480px"，"Units"选择为"pixels"，"Pixel Aspect Ratio"选择为"D1/DV PAL（1.09）"，"Color"设置为白色，单击"OK"按钮完成固态层的新建，如图 4-93 所示。选择工具栏中的"椭圆遮罩"工具 或按〈Q〉键，按住〈Shift〉键绘制出正圆，如图 4-94 所示。

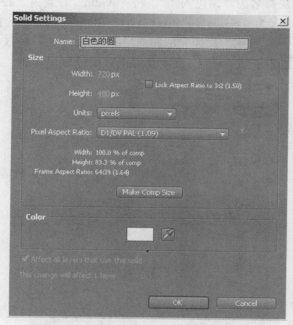

图 4-93　新建固态层

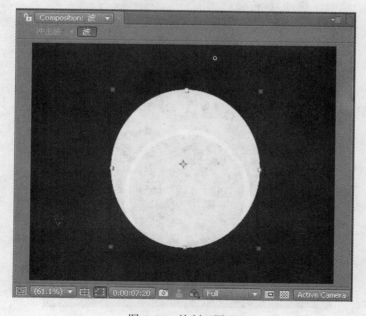

图 4-94　绘制正圆形

在 After Effects 软件中，工具栏中同一类型的工具使用相同的快捷键，用户可以按多几次该工具的快捷键来循环切换隐藏的工具。

3）执行菜单"Layer"→"New"→"Solid"命令或按〈Ctrl+Y〉组合键，弹出"创建固态层"窗口，给固态层命名为"黑色的圆"，将"Width"设置为"720px"，"Height"设置为"480px"，"Units"选择为"pixels"，"Pixel Aspect Ratio"选择为"D1/DV PAL（1.09）"，"Color"设置为黑色，单击"OK"按钮完成固态层的新建，如图 4-95 所示。选择工具栏中的"椭圆遮罩"工具⬤或按〈Q〉键，按住〈Shift〉键绘制出正圆，比白色的圆略小，如图 4-96 所示。

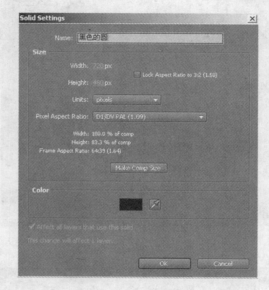

图 4-95　新建固态层

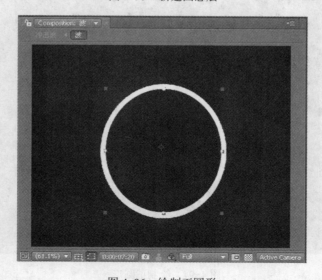

图 4-96　绘制正圆形

4）选中"黑色的圆"层，执行菜单"Effects"→"Stylize"→"Roughen Edges"命令，选择"Edge Type"为"Roughen Color"；设置"Edge Color"为"R：153，G：51，B：0"，"Border"为"200.00"，"Edge Sharpness"为"5.00"，"Scale"为"30.0"，"Complexity"为"10"，如图 4-97 所示。

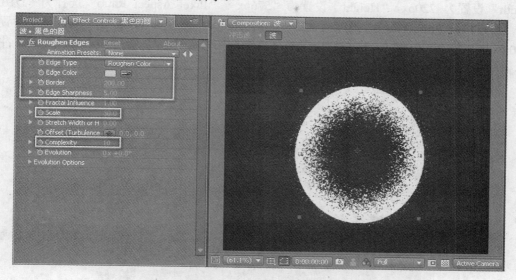

图 4-97 设置 Roughen Edges 特效

5）在"时间线"窗口中展开"Roughen Edges"插件属性，把时间指示器拖动到 0 秒位置，打开"Evolution"选项前面的关键帧记录器，如图 4-98 所示；再把时间指示器拖至"0:00:07:24"位置上，设置"Evolution"为"6x+0.0°"，如图 4-99 所示。

图 4-98 设置 Roughen Edges 动画 1

图 4-99 设置 Roughen Edges 动画 2

4.5.3 制作波光特效与动画

1）执行菜单"Composition"→"New Composition"命令或按〈Ctrl+N〉组合键，弹出"新建合成"窗口，把合成命名为"冲击波"，将"Preset"选择为"PAL/DV"制式，"Width"设置为720px，"Height"设置为"576px"，"Pixel Aspect Ratio"选择为"D1/DV PAL（1.09）"，"Frame Rate"设置为"25"，"Resolution"选择为"Full"，"Duration"设置为"0:00:08:00"，单击"OK"按钮完成新建合成，如图4-100所示。把"波"合成拖到"冲击波"时间窗口中，如图4-101所示。

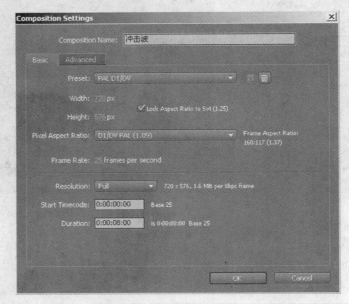

图4-100　新建合成

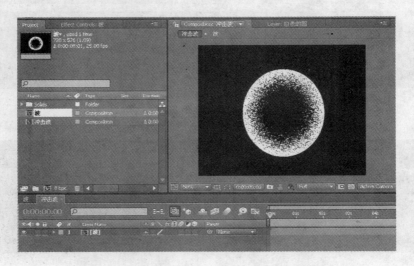

图4-101　把"波"合成拖到"冲击波"时间窗口

2）选中"波"层，执行菜单"Effects"→"Trapcode"→"Shine"命令，设置"Ray

Length"为"0.8","Boost Light"为"0.2",选择"Colorize"为"Fire",如图 4-102 所示。

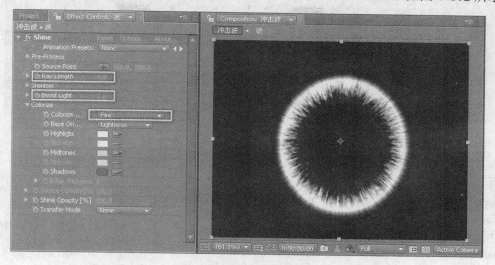

图 4-102　设置 Shine 特效

3）在"时间线"窗口中展开 3D Layer 插件的"Transform"属性，把时间指示器拖动
到"0:00:02:00"位置，打开"Scale"选项前面的关键帧记录器，并设置"X Rotation"为
"0x+300°"，如图 4-103 所示；再把时间指示器拖至"0:00:04:00"位置上，设置
"Scale"为"130.0"，如图 4-104 所示；再把时间指示器拖至"0:00:06:00"位置上，设置
"Scale"为"1000.0"，如图 4-105 所示。

图 4-103　设置 Shine 动画 1

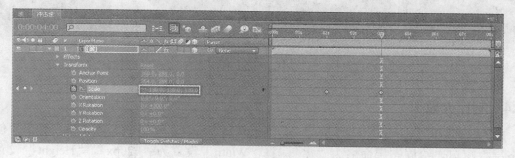

图 4-104　设置 Shine 动画 2

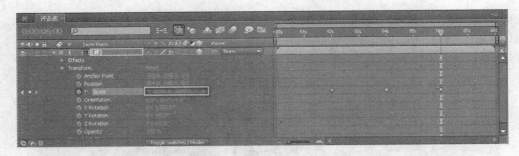

图 4-105　设置 Shine 动画 3

☞提示：

打开 3D 层，可以在三维空间中对其进行操作。

4）选中"波"的层，按〈Ctrl+D〉组合键复制"波"层，在"时间线"窗口中展开"Transform"属性，再把时间指示器拖至"0:00:04:00"位置上，设置"Scale"为"200.0"，如图 4-106 所示。按小键盘上的〈0〉键进行动画效果预览，如图 4-107 所示。

图 4-106　设置 Shine 动画

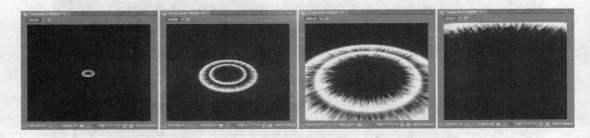

图 4-107　预览动画效果

4.5.4　制作火效果

1）执行菜单"Layer"→"New"→"Solid"命令或按〈Ctrl+Y〉组合键，弹出"创建固态层"窗口，给固态层命名为"火"，将"Width"设置为"720px"，"Height"设置为"576px"，"Units"选择为"pixels"，"Pixel Aspect Ratio"选择为"D1/DV PAL（1.09）"，"Color"设置为黑色，单击"OK"按钮完成固态层的创建，如图 4-108 所示。

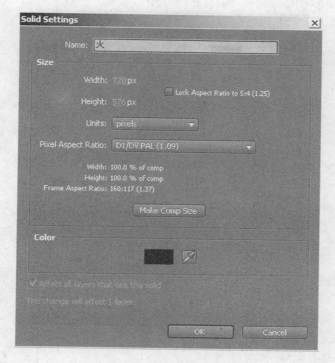

图 4-108　新建固态层

2）执行菜单"Effects"→"Trapcode"→"Particular"命令，设置"Particles/sec"为"35"，如图 4-109 所示；展开"Particle"选项，设置"Size"为"60.0"，"Opacity"设置为"30.0"，如图 4-110 所示；"Wind Y"设置为"–100.0"，如图 4-111 所示。

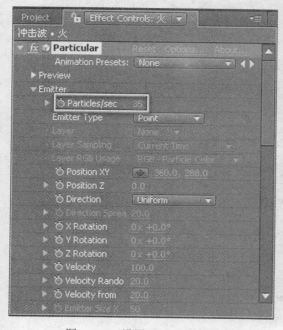

图 4-109　设置 Particular 特效 1

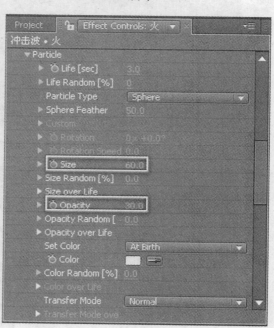

图 4-110　设置 Particular 特效 2

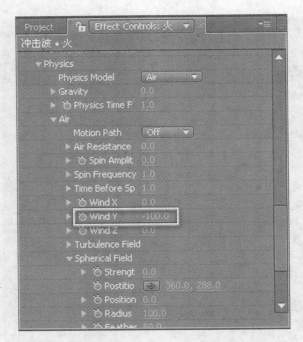

图 4-111　设置 Particular 特效 3

3）在"时间线"窗口中展开 Particular 插件属性，把时间指示器拖动到"0:00:02:23"位置，打开"Position XY"选项前面的关键帧记录器，如图 4-112 所示；再把时间指示器拖至"0:00:03:24"位置上，设置"Position XY"选项为"360.0，-75.0"，如图 4-113 所示。

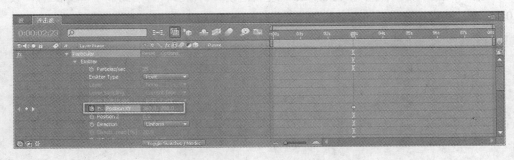

图 4-112　设置 Particular 动画 1

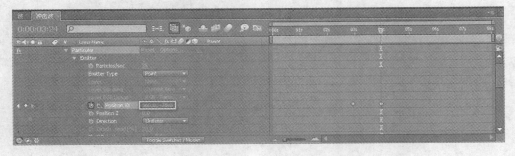

图 4-113　设置 Particular 动画 2

4）执行菜单"Effects"→"Trapcode"→"Starglow"命令，分别设置"Colormap A"和"Colormap B"颜色为"Fire"，如图 4-114 所示。

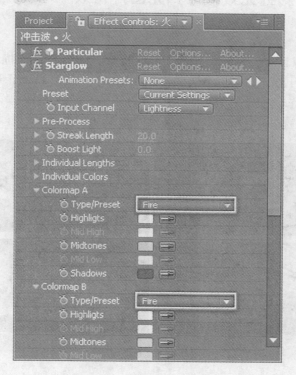

图 4-114　设置 Starglow 特效

5）执行菜单"Composition"→"Make Movie"命令或按〈Ctrl+M〉组合键，弹出"Render Queue"面板，对其中的参数进行设定，然后单击"Render"按钮输出动画，如图 4-115 所示。得到的最终动画效果如图 4-116 所示。

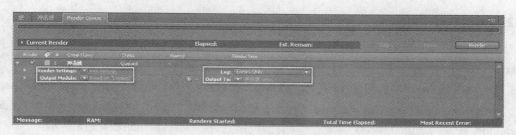

图 4-115　渲染输出

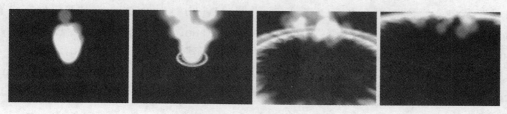

图 4-116　最终动画效果

4.6 高级技巧：彩虹光效——扫光图片特效

4.6.1 技术分析

本节学习的重点为 Fractal Noise 特效、Ramp 特效以及 Colorama 特效等。

特效的制作过程为：先使用 Ramp 特效制作渐变层，再使用 Fractal Noise 特效、Ramp 特效和 Colorama 特效制作彩虹光效效果，再导入图片运用 Shatter 特效制作破碎效果，设置动画与调整摄像机，然后设置时间倒放，完成本案例的制作，最终动画效果，如图 4-117 所示。

图 4-117 动画效果

【动画文件】可以打开随书光盘"案例效果"→"CH04"→"4.6 高级技巧：彩虹光效——扫光照片特效.wmv"文件观看动画效果。

【工程文件】保存在随书光盘"源文件"→"CH 04"→"4.6 高级技巧：彩虹光效——扫光照片特效 folder"中。

4.6.2 彩虹特效制作

1）运行 After Effects CS4 软件，执行菜单"Composition"→"New Composition"命令或按〈Ctrl+N〉组合键，弹出"新建合成"窗口，把合成命名为"渐变层"，"Preset"选择为"PAL D1/DV"制式，"Width"设置为"720px"，"Height"设置为"576px"，"Pixel Aspect Ratio"选择为"D1/DV PAL（1.09）"，"Frame Rate"设置为"25"，Resolution 选择为"Full"，"Duration"设置为"0:00:08:00"，单击"OK"按钮完成合成新建，如图 4-118 所示。

2）执行菜单"Layer"→"New"→"Solid"命令或按〈Ctrl+Y〉组合键，弹出"创建固态层"窗口，给固态层命名为"渐变"，设置"Width"为"720px"，"Height"设置为"576px"，"Units"选择为"pixels"，"Pixel Aspect Ratio"选择为"D1/DV PAL（1.09）"，"Color"设置为黑色，单击"OK"按钮完成固态层的新建，如图 4-119 所示。

3）在"时间线"窗口选中"渐变"层，执行菜单"Effect"→"Generate"→"Ramp"命令，设置"Start of Ramp"为"720.0，288.0"，"End of Ramp"设置为"0.0，288.0"，如图 4-120 所示。

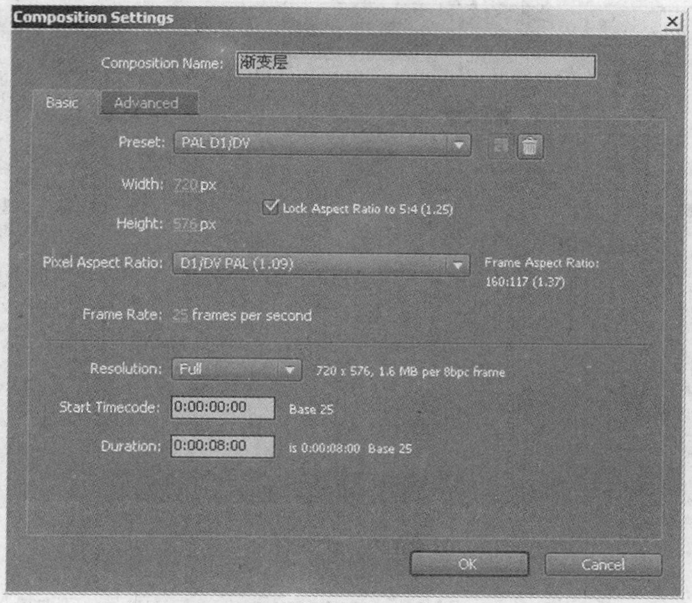

图 4-118　新建合成

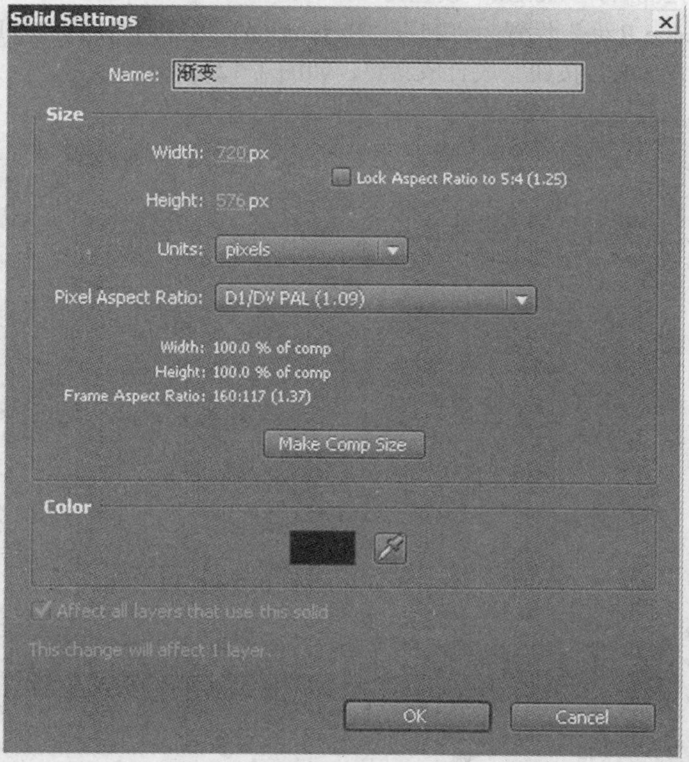

图 4-119　新建固态层

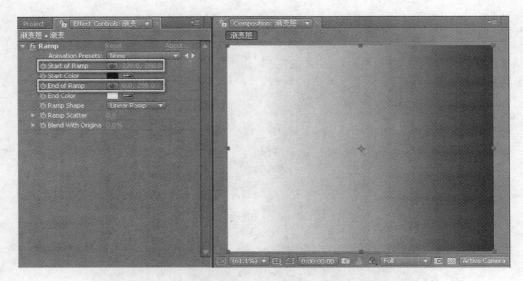

图 4-120　渐变效果

4）执行菜单"Composition"→"New Composition"命令或按〈Ctrl+N〉组合键，弹出"新建合成"窗口，把合成命名为"彩虹光效"，"Preset"选择为"PAL D1/DV"制式，"Width"设置为"720px"，"Height"设置为"576px"，"Pixel Aspect Ratio"选择为"D1/DV PAL（1.09）"，"Frame Rate"设置为"25"，"Resolution"选择为"Full"，"Duration"设置为"0:00:08:00"，单击"OK"按钮完成合成新建，如图 4-121 所示。

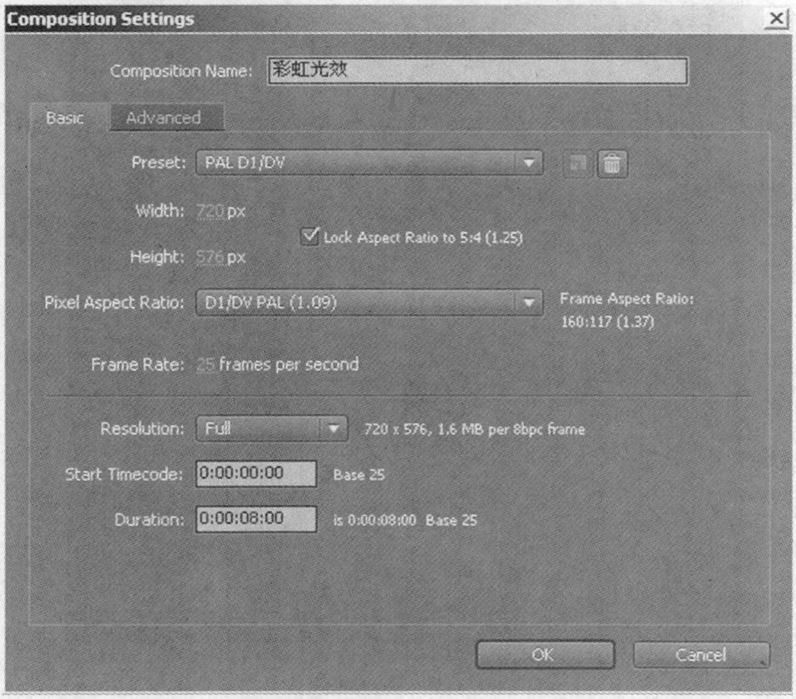

图 4-121　新建合成

5）执行菜单"Layer"→"New"→"Solid"命令或按〈Ctrl+Y〉组合键，弹出"创建固态层"窗口，给固态层命名为"线"，其他参数与上面所创建的固态层参数相同，然后单击"OK"按钮完成固态层的创建，如图4-122所示。

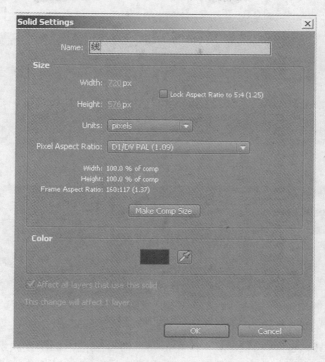

图4-122 新建固态层

6）在"时间线"窗口选择"光线"层，执行菜单"Effect"→"Noise & Grain"→"Fractal Noise"命令，在"Effect Controls"面板中展开"Fractal Noise"特效属性，设置"Contrast"为"500.0"，去除"Uniform Scaling"选项的勾选，"Scale Width"设置为"1000.0"，"Scale Height"设置为"20.0"，"Offset Turbulence"设置为"–22000.0，288.0"，如图4-123处所示。

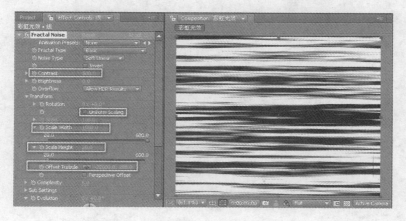

图4-123 设置 Fractal Noise 特效

7）在"时间线"窗口中展开 Fractal Noise 插件属性，把时间指示器拖动到 0 秒位置，分别打开"Offset Turbulence"和"Evolution"前面的关键帧记录器，如图 4-124 所示；再把时间指示器拖至"0:00:07:24"位置上，设置"offset Turbulence"的值为"22000.0，288.0"，"Evolution"的值设置为"5x+0.0°"，如图 4-125 所示。

图 4-124　设置 Fractal Noise 动画 1

图 4-125　设置 Fractal Noise 动画 2

8）执行菜单"Layer"→"New"→"Solid"命令或按〈Ctrl+Y〉组合键，弹出"创建固态层"窗口，给固态层命名为"色彩"，其他参数与上面所创建的固态层参数相同，单击"OK"按钮完成固态层的创建，如图 4-126 所示。

图 4-126　新建固态层

9）选中"色彩"层，执行菜单"Effect"→"Generate"→"Ramp"命令，参数保持默认值，再执行菜单"Effects"→"Color Correction"→"Colorama"命令，参数保持默认值，在"时间线"窗口中设置"色彩"层的"Mode"模式为"Color"，如图4-127所示。

图4-127　设置 Mode 效果

☞提示：

设置 Mode 选项，可以通过层的模式调整上层与下层的融合效果，用户可以选择不同选项以产生不同的融合效果。

4.6.3　图片破碎动画制作

1）执行菜单"Composition"→"New Composition"命令或按〈Ctrl+N〉组合键，弹出"新建合成"窗口，把合成命名为"合成"，将"Preset"选择为"PAL D1/DV"制式，"Width"设置为"720px"，"Height"设置为"576px"，"Pixel Aspect Ratio"选择为"D1/DV PAL（1.09）"，"Frame Rate"设置为"25"，"Resolution"选择为"Full"，"Duration"设置为"0:00:08:00"，单击"OK"按钮完成合成创建，如图4-128所示。

2）执行菜单"Layer"→"New"→"Solid"命令或按〈Ctrl+Y〉组合键，弹出"创建固态层"窗口，给固态层命名为"背景"，设置"Width"为"720px"，"Height"设置为"576px"，"Units"选择为"pixels"，"Pixel Aspect Ratio"选择为"D1/DV PAL(1.09)"，"Color"设置为黑色，单击"OK"按钮完成固态层的创建，如图4-129所示。

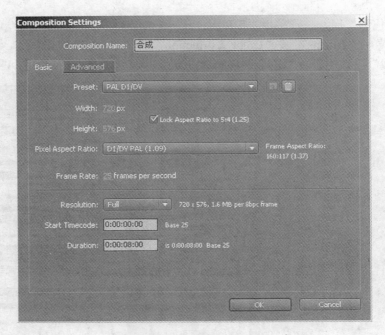

图 4-128 新建合成

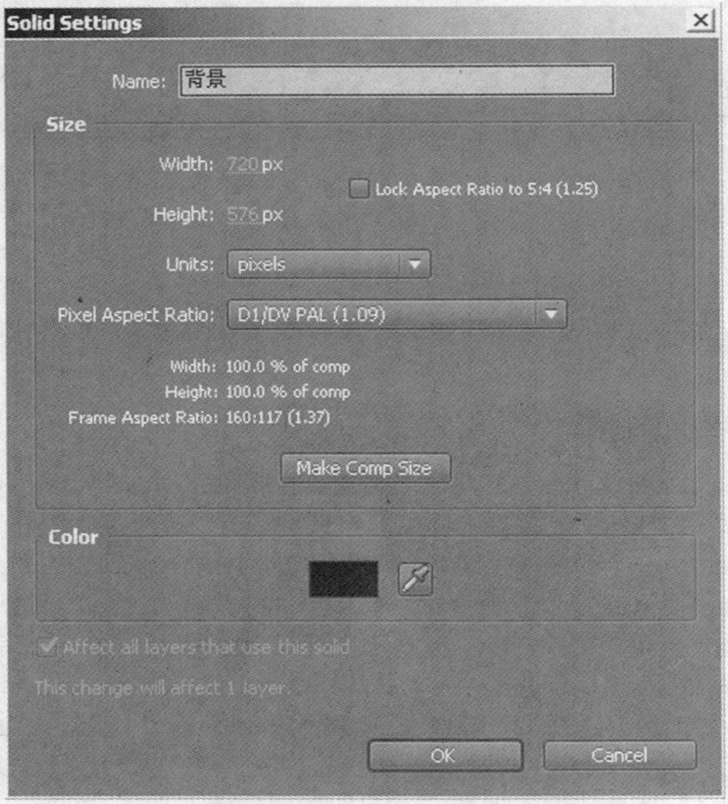

图 4-129 新建固态层

3）在"时间线"窗口中选中"背景"层，执行菜单"Effects"→"Generate"→"Ramp"命令，设置"Start of Ramp"为"0.0，570.0"，"End of Ramp"设置为"720.0，0.0"，"End Color"颜色设置为"R：94，G：3，B：3"，效果如图 4-130 所示。

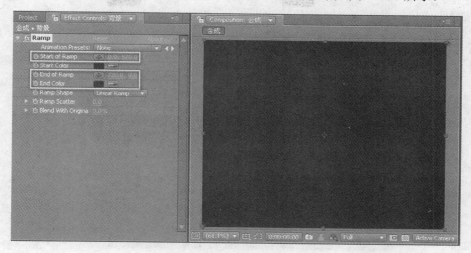

图 4-130　设置 Ramp 特效

4）在"项目"窗口中选中"渐变层"合成，拖到"合成"时间窗口中，单击"显示"或"隐藏"按钮，隐藏"渐变层"，再执行菜单"File"→"Import"→"File"命令或按〈Ctrl+I〉组合键，导入随书光盘"案例素材"→"CH04"→"4.6 扫光照片素材.jpg"，在"项目"窗口中选中"扫光照片素材.jpg"拖到"时间线"窗口中，如图 4-131 所示。

图 4-131　导入图片

5）执行菜单"Layer"→"New"→"Camera Settings"命令或按〈Ctrl+Alt+Shif+C〉组合键，将"Preset"选择为"50mm"，"Zoom"设置为"385.94mm"，"Film Size"设置为"36.00mm"，"Angle of View"设置为"39.60°"，"Focal Length"设置为"50.00mm"，单击"OK"按钮完成摄像机新建，如图4-132所示。

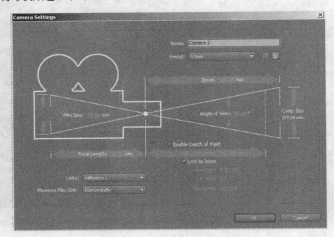

图4-132　新建摄像机

6）执行菜单"Effects"→"Simulation"→"Shatter"命令，将"View"选择为"Rendered"，"Pattern"选择为"Stars & Triangles"，"Repetitions"设置为"20.00"，"Extrusion Dept"设置为"0.10"，"Depth"设置为"0.30"，"Radius"设置为"3.00"，如图4-133所示；"Gradient Layer"选择为"3.渐变层"，勾选"Invert Gradient"选项，"Rotation Sneed"设置为"0.00"，"Randomness"设置为"0.40"，"Viscosity"设置为"0.20"，"Mass Variance"设置为"0%"，"Gravity"设置为"8.00"，"Gravity Direction"设置为"0x+90°"，如图4-134所示。

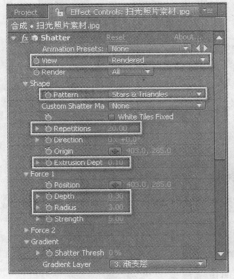

图4-133　设置Shatter特效1

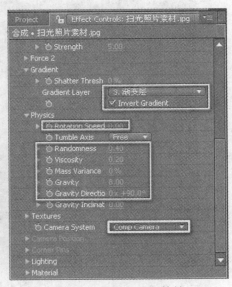

图4-134　设置Shatter特效2

184

7）在"时间线"窗口中展开 Shatter 插件属性，把时间指示器拖动到"0:00:02:00"位置，打开"Shatter Threshold"选项前面的关键帧记录器，如图 4-135 所示；再把时间指示器拖至"0:00:00:06"位置上，设置"Shatter Threshold"选项为"100%"，如图 4-136 所示；按小键盘上的〈0〉键预览动画效果，如图 4-137 所示。

图 4-135　设置 Shatter 动画 1

图 4-136　设置 Shatter 动画 2

图 4-137　动画效果

4.6.4　光效动画设置

1）把"彩虹光效"拖到"合成"的"时间线"窗口中，并设置"Mode"模式为"Add"，打开三维层，如图 4-138 所示。

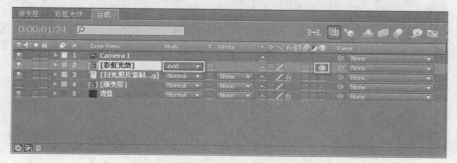

图 4-138　设置光效 Mode 与开启三维层

2）在"时间线"窗口中展开"Transform"属性，设置"Anchor Point"为"–1.0，278.0，0.0"，"Position"为"715.0，288.0，0.0"，单击取消"Scale"的锁定比例并设置为"135.0，100.0，93.0%"，"Y Rotation"设置为"0x+90°"，把时间指示器拖动到"0:00:01:24"位置，打开"Opacity"前面的关键帧记录器，如图 4-139 所示；把时间指示器拖至"0:00:02:00"位置上，打开"Position"前面的关键帧记录器，设置"Opacity"的值为"100%"，如图 4-140 所示。

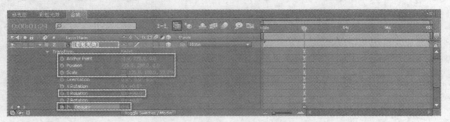

图 4-139　设置光效动画 1

图 4-140　设置光效动画 2

3）把时间指示器拖至"0:00:06:00"位置，设置"Position"的值为"–20.0，288.0，0.0，Opacity"的值为"100%"，如图 4-141 所示；将时间指示器拖至"0:00:06:00"，设置"Opacity"的值为"0%"，如图 4-142 所示；在"时间线"窗口中选中"摄像机"层，展开"Transform"属性，设置"Point of Interest"的值为"45.0，450.0，–540.0"，"Position"的值为"–530.0，770.0，–136.0"，如图 4-143 所示。按小键盘上的〈0〉键预览动画效果如图 4-144 所示。

图 4-141　设置光效动画 3

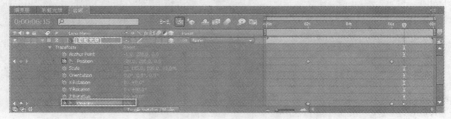

图 4-142　设置光效动画 4

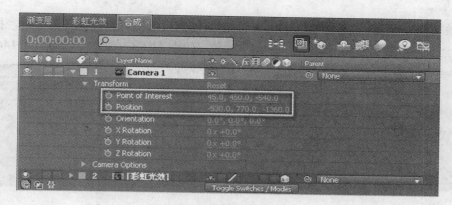

图 4-143　设置摄像机

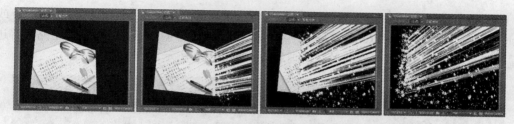

图 4-144　预览动画效果

4）执行菜单"Composition"→"New Composition"命令或按〈Ctrl+N〉组合键，弹出"新建合成"窗口，把合成命名为"时间倒放"，将"Preset"选择为"PAL D1/DV"制式，"Width"设置为"720px"，"Height"设置为"576px"，"Pixel Aspect Ratio"选择为"D1/DV PAL(1.09)"，"Frame Rate"设置为"25"，"Resolution"选择为"Full"，"Duration"设置为"0:00:08:00"，单击"OK"按钮完成合成创建，如图4-145所示。

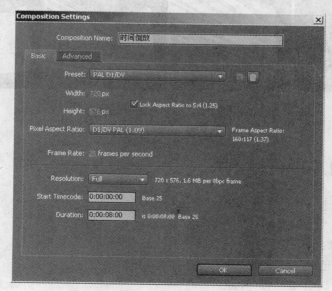

图 4-145　新建合成

5）在"项目"窗口中把"合成"拖至到"时间倒放"的"时间线"窗口中，执行菜单"Layer"→"Time"→"Time-Reverse"命令或按〈Ctrl+Alt+R〉组合键，如图 4-146 所示。

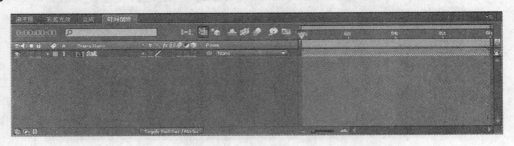

图 4-146　设置时间倒放

6）完成时间倒放设置后，执行菜单"Composition"→"Make Movie"命令或按〈Ctrl+M〉组合键，弹出"Render Queue"面板，允许对其中的输出参数以及输出路径等进行设置，如图 4-147 所示。得到的最终动画效果如图 4-148 所示。

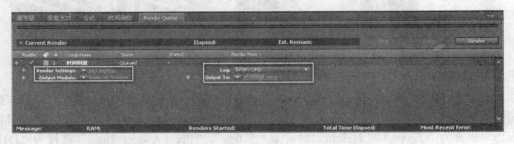

图 4-147　渲染输出

图 4-148　最终动画效果

4.7　课后练习

题目：时间超速——飞逝的时光

规格：制式为"PAL D1/DV"，时间为 5 秒。

要求：将一段时间较长的日出与日落视频进行调整以加快其播放速，着重表现日出日落时的每一个时间段光线与环境的变化。

第 5 章　After Effects CS4 绚丽背景特技

学习目标
- 了解在 After Effects 中对绚丽背景特技的制作
- 掌握仿真特效技术、灯光技术、蒙版图层技术的应用
- 熟练绚丽背景特技的制作技法

鲜花需要绿叶的衬托，背景作为衬托主体画面的元素，适当地利用动态背景可以突出画面的主体部分。背景要结合主体内容而进行制作，主要考虑在色调、内容思想、风格等方面的表现。

无论是在电视节目或影片中，每个镜头均有其不同的背景加以衬托。除了在拍摄过程中已有的背景外，某些拍摄过程中无法进行直接取景的特殊效果可通过软件进行制作，例如爆炸等。

在影视拍摄制作上，基于大型的场面或特殊的效果，在实际拍摄中是无法实现或难以实现的，而需要结合 3D 软件进行制作。另外，还可以运用 Adobe After Effects 对各种特效进行制作，从而达到模拟真实效果。背景特效的制作需要结合当前影视情节，其结合了插件的设置运用，灯光技术的设置等多个方面。以爆炸场景的制作为例，虽然可以通过 3D 软件实现一系列的特效，然而相对来说，After Effects 更为方便快捷，而且效果也非常理想。在影视制作中，逐渐趋向于运用软件进行各种特效的制作，从而节省了大量的人力物力，降低了拍摄的难度等问题。同时，After Effects 作为最优秀的影视后期制作软件，充分发挥其影视制作功能，可以完善影视拍摄中的不足。

【任务背景】影片每一个情节、每一个故事，甚至于每一个镜头，所处的背景画面均不尽相同。高质量高难度的背景需要利用软件进行制作处理，实现并解决拍摄过程中的难点，完善影片最终效果。

【任务目标】认识并了解背景的制作，掌握仿真特效技术、灯光技术和蒙版图层技术的运用技巧。

【任务分析】结合仿真特效技术、灯光技术以及蒙版图层技术的运用，由浅入深地对其技巧进行讲解，并熟练其运用。

5.1　基础知识讲解

5.1.1　任务 1：仿真特效技术

仿真特效并非摄像机真实拍摄到的事物，而是通过利用其他软件等辅助制作所得到的事物，并且达到真实的效果。

在 After Effects 中，最常见的仿真特效之一为 Shatter，具有爆炸的仿真效果，可对图像

进行粉碎爆炸处理，产生爆炸时的飞散碎片。该特效可以对爆炸产生的碎片自定义形状，提供多种碎片效果，还可对爆炸的位置、力度和半径等进行控制。在为对象添加 Shatter 插件后，切换到"项目"窗口的"Effect Controls"面板中，Shatter 显示的默认参数值如图 5-1 所示。

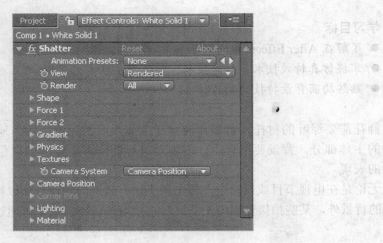

图 5-1　Shatter 插件默认参数

对于 Shatter 特效中的调节参数，以下几项最为常用。

● View：从中可以选择不同的爆炸效果显示方式。在 View 下拉列表中，默认有 5 个选项，分别为"Rendered"、"Wireframe Front View"、"Wireframe"、"Wireframe Front View+Forces"、"Wireframe+Forces"。其中，又以"Rendered"、"Wireframe"、"Wireframe+Forces"的应用最为广泛。

如图 5-2 所示，图 5-2a 为使用了"Rendered"选项，该方式可显示特效的最终效果；图 5-2b 为使用了"Wireframe"选项，该方式是以线框方式显示对象的爆炸效果，提升了其刷新速度和预览速度；图 5-2c 为使用了"Wireframe+Forces"选项，该方式显示了爆炸的受力状态，可通过在"合成"窗口中进行浏览。

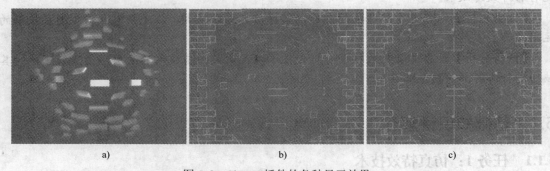

图 5-2　Shatter 插件的各种显示效果

a) 使用"Rendered"选项的效果　b) 使用"Wireframe"选项的效果　c) 使用"wireframe+Forces"选项的效果

● Render：可在其下拉列表中对目标对象的显示方式进行选择，其中提供了 3 个选项，包括有"All"、"Layer"和"Pieces"。

- Shape：允许对爆炸所产生碎片的外形、大小、密度、角度以及爆炸中心点等参数进行设置；通过指定合成图像中的一个层影响爆炸碎片的形状；允许使用白色平铺适配功能等。
- Force 1/Force 2：After Effects 中 Shatter 特效所指定的两个力场。力场作为爆炸时所需要的一个受力点。在默认状态下，系统只采用"Force 1"，爆炸时产生的受力点位置，可以通过设置"Position"参数进行调整；也可在"合成"窗口中的图像上直接拖动效果的受力点位置，前提是需要在选择"Wireframe+Forces"或"Wireframe Front View+Forces"两种演示效果状态下。"Depth"改变力在 Z 轴上的位置，从而改变力的深度。"Radius"根据 X、Y、Z 轴控制力的半径大小，当力的半径为 0 时则目标不会发生变化。"Strength"允许对力的强度进行控制，影响碎片飞散的距离，可分正负值，相应的碎片飞散的方向也根据正负值而定。
- Gradient：通过在参数栏中指定一个层，可利用层渐变影响爆炸效果，允许设置反转渐变层。
- Physics：允许设置碎片的旋转隧道、翻滚坐标和重力等参数。
- Textures：允许调整设置碎片的颜色和纹理贴图。
- Camera Position：结合"Textures"参数中"Camera System"下拉列表中的"Camera Position"选项，可激活"Camera Position"，然后允许对"Camera Position"参数中的属性进行设置，如摄像机的旋转角度、摄像机三维空间位置属性、摄像机焦距等。
- Camera Pins：结合"Textures"参数中"Camera System"下拉列表中的"Camera Pins"选项，可激活"Camera Pins"，从中调整控制点位置，设置自动调整焦距等。
- Lighting：影响特效中所使用的灯光效果，其中包括灯光强度、灯光颜色等参数的设置。
- Material：影响场景中素材的材质属性，包括漫反射强度、镜面反射强度和高光锐化度等。

在 After Effects 中，仿真特效的制作插件有很多个，每个仿真特效插件的效果也不相同，包括有系统默认的仿真特效插件与外挂仿真特效插件，常见的仿真特效插件有 Particle Playground、Card Dance、Caustics、Foam、Wave World 等，用户可根据个人需要制作的效果而选择适合的插件。

5.1.2 任务 2：灯光技术

灯光起到渲染影片气氛、突出重点的作用。通过灯光的使用可以模拟三维空间的光线效果。在三维场景中通过建立多盏灯光用来产生复制的光景效果，使合成效果更为真实。

灯光层的建立与固态层的建立一样，通过执行菜单"Layer"→"New"→"Light"命令或按〈Ctrl+Alt+Shift+L〉组合键，弹出"Light Settings（灯光设置）"对话框，如图 5-3 所示。

☞提示：

　　灯光的建立还可以通过在"合成"窗口或"时间线"窗口中单击鼠标右键，在弹出的菜单中执行"New"→"Light"命令来进行。

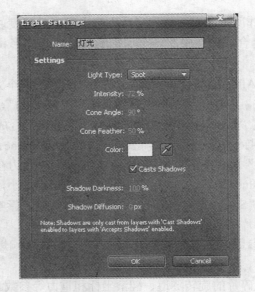

图 5-3 "Light Settings(新建灯火)"对话框

为图像添加灯光层后,在"时间线"窗口中展开灯光层属性,如图 5-4 所示,允许对包括灯光类型(平行光、聚光灯、点光、环境光)、灯光强度、灯罩角度、灯罩羽化、灯光颜色、赋予投影、投影扩散等参数进行调整设置。在灯光类型中选择"Spot(聚光灯)"时的效果如图 5-5 所示。

图 5-4 灯光层属性参数

图 5-5 Spot 灯光效果

下面再介绍下灯光的"Casts Shadons（赋予投影）"设置。首先需要打开灯光层的"Casts Shadows"选项，接受灯光的对象即会在场景中产生投影，此外，还需要在灯光层的属性中对其投影参数进行设置。如图 5-6 所示为灯光的投影效果。把层转换为三维层后，调整其角度，效果更为明显。

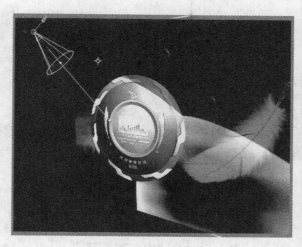

图 5-6　对象接受灯光投影效果

除了灯光层本身的参数设置外，还可结合图像层的参数设置，如层的"Casts Shadows（赋予投影）"、"Accepts Shadows（接受投影）"、"Accepts Lights（接受灯光）"、"Ambient（环境影响）"、"Diffuse（扩散）"、"Specular（镜面反射）"、"Shininess（发光）"、"Metal（金属）"等各项属性进行设置，调节灯光对图像的应用效果。

5.1.3　任务 3：蒙版图层技术

轨道蒙版与 Mask 有着共同之处，都能通过调整设置后，只显示所需要的图像。虽然在方法上都极为简单，然而，相对来说轨道蒙版却更为方便快捷。下面，通过实例演示对轨道蒙版的运用进行讲解。

1）如图 5-7 所示的三张素材图片，从左往右分别作为轨道蒙版层、素材层以及背景层。在导入素材图片后并将图片拖放到"时间线"窗口，其由上而下的排列顺序如图 5-8 所示。

图 5-7　确定所需素材图片

2）背景图片就其作用来说，可以不进行调整，只是放置于最底层。选择"鹿.jpg"图层，鼠标单击该图层"Track Matte"下的下拉列表，从中选择"Luma Matte'轨道蒙版'"，即可用"轨道蒙版"层影响"鹿.jpg"层，而在这两层的名称前可见其状态。另外，作为影响"鹿.jpg"层的"轨道蒙版"层被自动隐藏，如图 5-8 所示。在"Track Matte"列表中提供了包括不应用轨道蒙版等 5 种选项，如图 5-9 所示。

图 5-8　轨道蒙版应用

图 5-9　"Track Matte"下拉列表

- No Track Matte：不使用轨道蒙版，没有透明度的产生，上面的层只作普通层使用。
- Alpha Matte：使用蒙版层的 Alpha 通道，当 Alpha 通道的像素值为 100%时，通道不透明。
- Alpha Inverted Matte：对蒙版层的 Alpha 通道反转，当 Alpha 通道的像素值为 0%时，通道不透明。
- Luma Matte：使用蒙版层的亮度值，当像素的亮度值为 100%时不透明。
- Luma Inverted Matte：使用蒙版层的反转亮度值，当像素的亮度值为 0%时不透明。

"轨道蒙版"层只对"鹿.jpg"层有影响，即是在应用轨道蒙版的两个层中起作用。"轨道蒙版"层在定义为"鹿.jpg"层的轨道蒙版时，系统自动对"轨道蒙版"层进行隐藏，但是，仍然可以对该层进行调整设置，如位置、缩放等，并且所作的调整设置也应用于轨道蒙版之中。而透明效果是产生于"鹿.jpg"层中，通过轨道蒙版层的 Alpha 通道可以显示背景层。

5.2　实例应用：数码雨背景

5.2.1　技术分析

本节的学习重点是 Particle Playground 插件和 Echo 插件的设置应用。

制作过程为：新建一个合成和一个固态层，然后通过对 Particle Playground 插件的调整设置，改变粒子形态，调整重力与粒子的下落方向等设置，结合 Echo 插件对粒子的拖层效果进行实现。最终动画效果如图 5-10 所示。

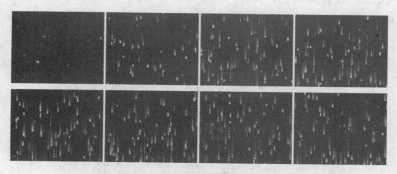

图 5-10　最终动画效果

【动画文件】可以打开随书光盘"案例效果"→"CH05"→"5.2 实例应用：数码雨背景.wmv"文件观看动画效果。

【工程文件】保存在随书光盘"源文件"→"CH05"→"5.2 实例应用：数码雨背景folder"中。

5.2.2　创建新文件

1）打开 After Effects CS4 软件，执行菜单"Composition"→"New Composition"命令或按〈Ctrl+N〉组合键，弹出"新建合成"窗口，"Composition Name"保持默认的"Comp 1"，将"Preset"选择为"PAL D1/DV"，"Pixel Aspect Ratio"选择为"D1/DV PAL（1.09）"，"Resolution"选择为"Full"，"Duration"设置为"0:00:08:00"，如图 5-11 所示。然后单击"OK"按钮完成新建合成。

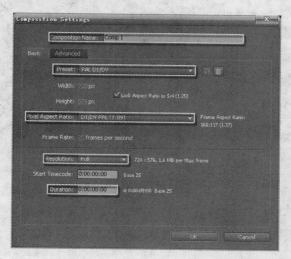

图 5-11　新建合成

2）执行菜单"Layer"→"New"→"Solid"命令或按〈Ctrl+Y〉组合键，弹出"新建固态层"对话框，将固态层命名为"Black Solid 1"，"Width"设置为"720px"，"Height"设

置为"576px","Units"选择为"pixels","Pixel Aspect Ratio"选择为"D1/DV PAL(1.09)","Color"设置为黑色，如图 5-12 所示。然后单击"OK"按钮完成固态层的创建，所得到的窗口如图 5-13 所示。

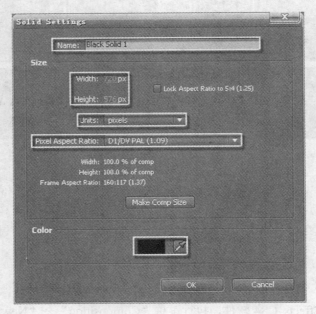

图 5-12 新建固态层

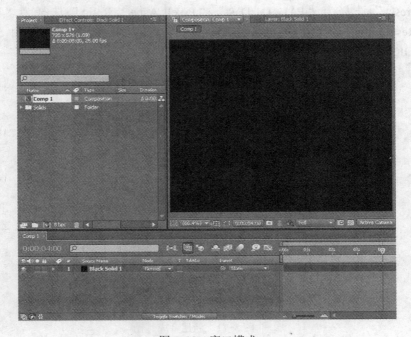

图 5-13 窗口模式

5.2.3 调整设置 Particle Playground 插件

1）在选择"Black Solid 1"层的状态下，执行菜单"Effect"→"Simulation"→"Particle Playground"命令，为固态层添加 Particle Playground 插件，如图 5-14 所示。

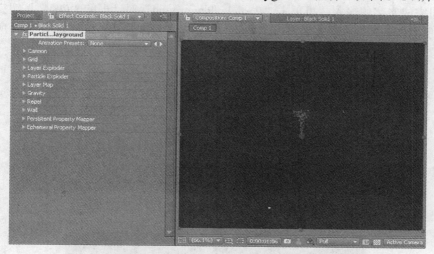

图 5-14 添加 Particle Playground 插件

☞提示：

当在"时间线"窗口上的第一秒位置难以浏览插件效果时，可相应的向后拖动时间指示器，以方便浏览效果。

2）展开 Particle Playground 插件中的"Cannon"选项，设置"Barrel Radius"为"400.00"，"Direction"为"0x+180.0°"，"Direction Random Spread"为"0.00"，"Velocity"为"0.00"，"Velocity Random Spread"为"0.00"，"Color"的颜色值为"R：24，G：255，B：0"，"Particle Radius"为"25.00"，如图 5-15 所示。

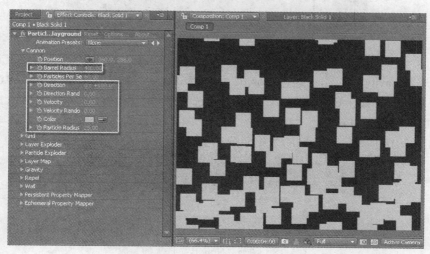

图 5-15 调整"Cannon"选项的参数

197

3）用鼠标单击 Particle Playground 插件上的"Options"选项，弹出"Particle Playground"对话框，然后单击"Edit Cannon Text"选项，弹出"Edit Cannon Text"对话框，将"Font"选择为"FzHei-B01S"，"Style"选择为"Regular"，勾选"Loop Text"选项，复选"Left To Right"选项，然后在文本框中输入"englishchina"，单击"Edit Cannon Text"对话框的"OK"按钮完成文字的输入，再单击"Particle Playground"对话框的"OK"按钮完成设置，如图 5-16 所示。切换至"合成"窗口，拖动时间指示器以浏览其效果，如图 5-17 所示。

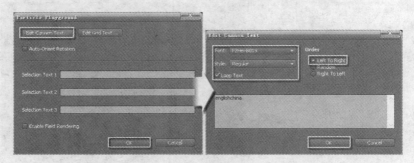

图 5-16 "Options"对话框

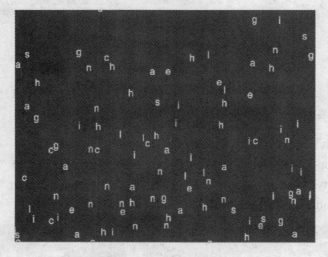

图 5-17 输入英文字母效果

4）展开"Gravity"选项，设置"Force"为"250.00"，"Direction"为"0x+180.0°"，如图 5-18 所示。展开"Ephemeral Property Mapper"选项中的"Affects"，设置"Map Red to"的"Min"为"50.00"，"Max"为"100.00"；"Map Blue to"的"Min"为"1.00"，"Max"为"5.00"，如图 5-19 所示。所得到的效果如图 5-20 所示。

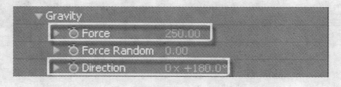

图 5-18 调整"Gravity"选项的参数

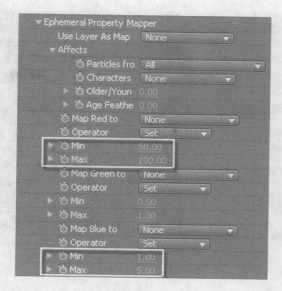

图 5-19　调整"Ephemeral Property Mapper"选项的参数

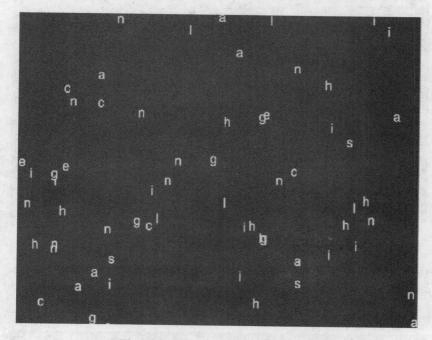

图 5-20　Particle Playground 调整效果

5.2.4　添加 Echo 插件

1）在"时间线"窗口中选择"Black Solid 1"的状态下，执行菜单"Effect"→"Time"→"Echo"命令，给层添加 Echo 插件，如图 5-21 所示。

2）设置 Echo 插件中的"Number Of Echoes"为"10"，调整字母的个数，"Decay"设置为"0.70"，得到字母的拖尾效果，如图 5-22 所示。

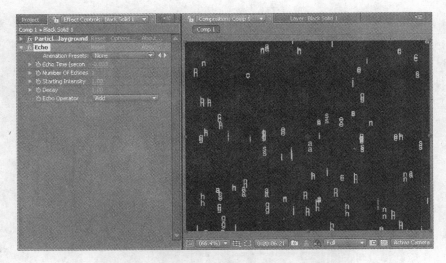

图 5-21　添加 Echo 插件

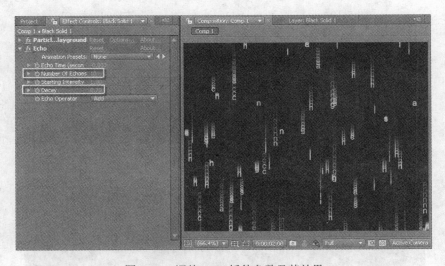

图 5-22　调整 Echo 插件参数及其效果

3）完成插件的调整设置后，执行菜单"Composition"→"Make Movie"命令或按〈Ctrl+M〉组合键，在"时间线"窗口中弹出渲染输出面板，对其中的渲染格式与保存位置进行设置后，单击"Render"按钮进行渲染输出，如图 5-23 所示。

图 5-23　渲染与输出

4）按〈Ctrl+S〉组合键对文件进行保存，所得到的最终动画效果如图 5-24 所示。

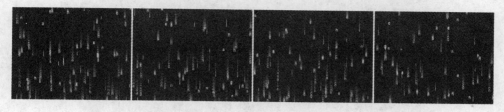

图 5-24　最终动画效果

5.3　实例应用：纷飞的秋叶

5.3.1　技术分析

本节主要应用仿真特效里的 Shatter 特效，来完成"纷飞的秋叶"效果的制作。

制作过程为：先新建合成，再导入图片素材，运用 Hue/Saturation 特效，调整背景图片的色彩，再运用 Shatter 特效，调整参数，制作出纷飞的秋叶，动画效果如图 5-25 所示。

图 5-25　动画效果

【动画文件】可以打开随书光盘"案例效果"→"CH05"→"5.3 实例应用：纷飞的秋叶.wmv"文件观看动画效果。

【工程文件】保存在随书光盘："源文件"→"CH05"→"5.3 实例应用：纷飞的秋叶folder"中。

5.3.2　导入并处理素材

1）运行 After Effects CS4 软件，执行菜单"Composition"→"New Composition"命令或按〈Ctrl+N〉组合键，弹出"新建合成"窗口，把合成命名为"落叶"，将"Preset"选择为"PAL D1/DV"制式，"Width"设置为"720px"，"Height"设置为"576px"，"Pixel Aspect Ratio"选择为"D1/DV PAL（1.09）"，"Frame Rate"设置为"25"，"Resolution"选择为"Full"，"Duration"设置为"0:00:05:00"，单击"OK"按钮完成新建合成，如图 5-26 所示。

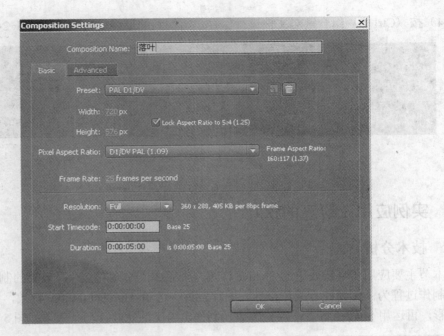

图 5-26 新建合成

2）执行菜单"File"→"Import"→"File"命令或按〈Ctrl+I〉组合键，分别导入随书光盘中的"案例素材"→"CH05"→"5.3 背景.jpg"、"5.3 红枫叶.psd"、"5.3 透明枫叶.psd"，如图 5-27 所示。在"项目"窗口中选中"5.3 背景.jpg"，拖至落叶合成的"时间线"窗口中，如图 5-28 所示。

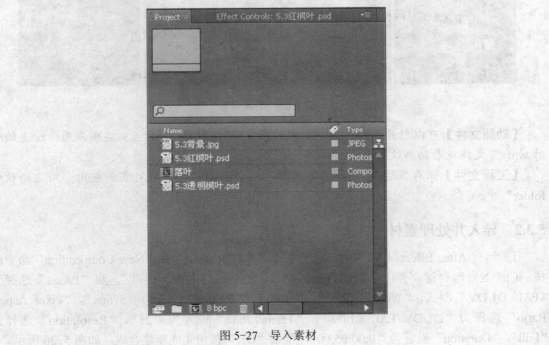

图 5-27 导入素材

图 5-28 把"5.3 背景.jpg"拖至"时间线"窗口

3）执行菜单"Effects"→"Color Correction"→"Hue/Saturation"命令，在"Effect Controls"面板中，勾选"Colorize"，设置"Colorize Hue""0x+35.0°"，"Colorize Saturation"为"40"，如图 5-29 所示。

图 5-29 设置 Hue/Saturation 特效

☞提示：

Hue/Saturation 特效主要用于调整色相／饱和度以及颜色的平衡度，是 After Effects 里非常重要的调色工具。

4）在"项目"窗口中选中"5.3 透明枫叶.psd"，拖至"时间线"窗口中，并单击"显示或隐藏"按钮，隐藏"5.3 透明枫叶.psd"层，如图 5-30 所示；再在"项目"窗口中选中"5.3 红枫叶.psd"，拖至"时间线"窗口中，如图 5-31 所示。

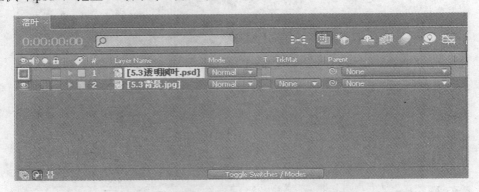

图 5-30　把"5.3 透明枫叶.psd"拖到"时间线"窗口

图 5-31　把"5.3 红枫叶.psd"拖到"时间线"窗口

5.3.3　设置 Shatter 特效

1）执行菜单"Effects"→"Simulation"→"Shatter"命令，在"Effect Controls"面板的"View"选项中选择"Rendered"，"Pattern"选项中选择"Custom"，"Custom Shatter Map"选项中选择"5.3 透明枫叶.psd"，设置"Repetitions"为"30.00"，"Extrusion Dept"为"0.00"，"Depth"为"0.30"，"Radius"为"0.58"，"Strength"为"10.50"，"Rotation Speed"为"0.08"，如图 5-32 所示；设置"Randomness"为"0.40"，"Viscosity"为"0.15"，

"Mass Variance"为"0%","Gravity"为"0.50","X Rotation"为"0x+30.0°","Y Rotation"为"0x+50.0°","X,Y Position"为"334.0，1052.0","Z Position"为"3.00","Light Intensity"为"2.00"，如图5-33所示。按小键盘上的〈0〉键预览动画效果，如图5-34所示。

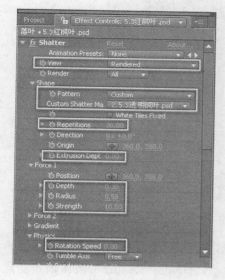

图5-32　设置Shatter特效1

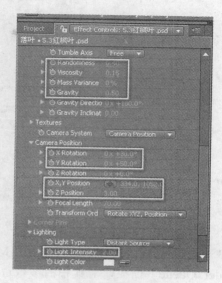

图5-33　设置Shatter特效2

图5-34　预览动画效果

2）在"时间线"窗口选中"5.3 红枫叶.psd"，按〈Ctrl+D〉组合键复制出"5.3 红枫叶.psd"，如图5-35所示；在"Effect Controls"面板中，设置"X Rotation"为"0x+20.0°"，"Y Rotation"为"0x+55.0°"，"X,Y Position"为"-565.0，900.0"，如图5-36所示。

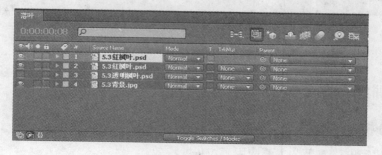

图5-35　复制出"5.3 红枫叶"

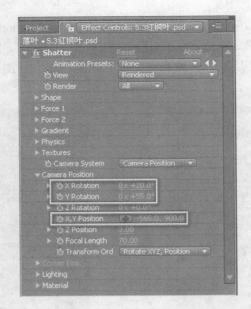

图 5-36　设置 Shatter 特效

3）执行菜单"Composition"→"Make Movie"命令或按〈Ctrl+M〉组合键，弹出"Render Queue"面板，对其中的参数进行设定，然后单击"Render"按钮输出动画，如图 5-37 所示。得到的最终动画效果如图 5-38 所示。

图 5-37　渲染与输出

图 5-38　动画效果

5.4　拓展训练：数字电路

5.4.1　技术分析

本节制作数字电路效果，主要应用了 Vegas 特效。

制作过程为：先新建合成与固态层，运用 Fractal Noise 特效，制作数字背景效果，再导入素材，运用 Vegas 特效，制作电路效果，然后使用 Glow 特效，添加颜色，最终动画效果如图 5-39 所示。

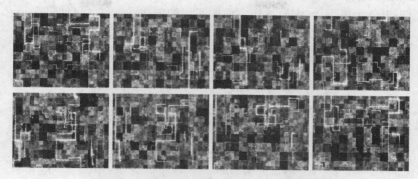

图 5-39 最终动画效果图

【动画文件】可以打开随书光盘"案例效果"→"CH05"→"5.4 拓展训练：数字电路.wmv"文件观看动画效果。

【工程文件】保存在随书光盘"源文件"→"CH05"→"5.4 拓展训练：数字电路 folder"中。

5.4.2 建立数字背景

1）运行 After Effects CS4 软件，执行菜单"Composition"→"New Composition"命令或按〈Ctrl+N〉组合键，弹出"新建合成"窗口，把合成命名为"数字电路"，将"Preset"选择为"PAL D1/DV"制式，"Width"设置为"720px"；"Height"设置为"576px"，"Pixel Aspect Ratio"选择为"D1/DV PAL(1.09)"，"Frame Rate"设置为"25"，"Resolution"选择为"Full"，"Duration"设置为"0:00:05:00"，如图 5-40 所示。

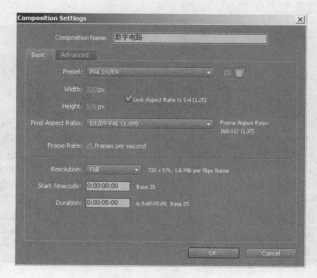

图 5-40 新建合成

2）执行菜单"Layer"→"New"→"Solid"命令或按〈Ctrl+Y〉组合键，弹出"创建固态层"窗口，给固态层命名为"背景"，将"Width"设置为"720px"，"Height"设置为"576xp"，"Units"选择为"pixels"，"Pixel Aspect Ratio"选择为"D1/DV PAL（1.09）"，"Color"设置为黑色，单击"OK"按钮完成固态层的创建，如图 5-41 所示。

图 5-41　新建固态层

3）在"时间线"窗口中选择"背景"层，执行菜单"Effect"→"Noise & Grain"→"Fractal Noise"命令，在"Effect Controls"面板的"Fractal Type"选项中选择"Turbulent Basic"，"Noise Type"选项中选择"Block"，勾选"Invert"选项，将"Complexity"设置为"20.0"，"Opacity"设置为"60.0%"，如图 5-42 处所示。

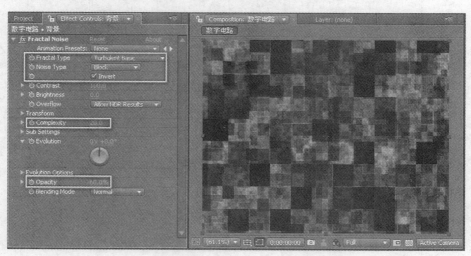

图 5-42　设置 Fractal Noise 特效

4）在"时间线"窗口中展开 Fractal Noise 插件属性，把时间指示器拖动到 0 秒位置，打开"Evolution"前面的关键帧记录器，如图 5-43 所示；再把时间指示器拖至"0:00:04:24"位置上，设置"Evolution"的值为"3x+0.0°"，如图 5-44 所示。

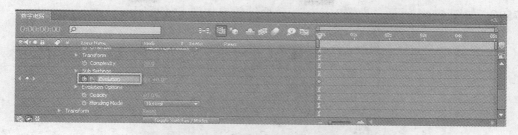

图 5-43　设置 Fractal Noise 动画 1

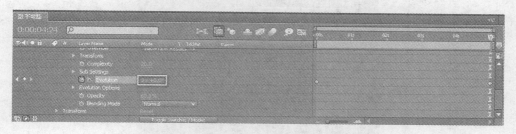

图 5-44　设置 Fractal Noise 动画 2

5.4.3　设置电路效果

1）执行菜单"File"→"Import"→"File"命令或按〈Ctrl+I〉组合键，选择随书光盘中"案例素材"→"CH05"→"5.4 数字电路素材.psd"，再从"项目"窗口中把"5.4 数字电路素材.psd"拖至到时间线上，如图 5-45 所示。

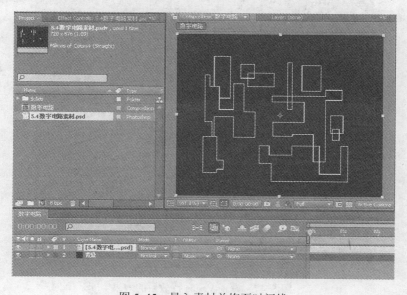

图 5-45　导入素材并拖至时间线

2）选中"5.4 数字电路素材.psd"层，执行菜单"Effects"→"Generate"→"Vegas"命令，在"Effect Controls"面板中设置"Segments"为"1"，"Length"为"0.300"，在"Blend Mode"选项中选择"Transparent"，设置"Width"为"0.50"，"Hardness"为"0.750"，如图 5-46 所示。设置 Vegas 特效后的效果如图 5-47 所示。

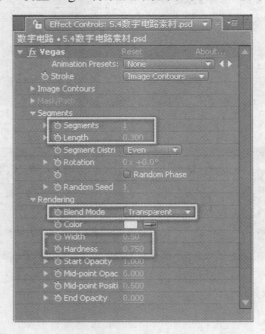

图 5-46　设置 Vegas 特效

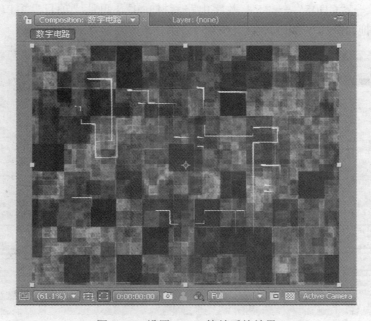

图 5-47　设置 Vegas 特效后的效果

3）执行菜单"Effects"→"Stylize"→"Glow"命令，在"Effects Controls"面板中，设置"Glow Threshold"为"30.0%"，"Glow Radius"为"20.0"，"Glow Intensity"为"4.0"，在"Glow Colors"选项中选择"A&B Colors"，在"Color Looping"选项中选择"Sawtooth B>A"，设置"Color A"为"R：255，G：0，B：234"，"Color B"为"R：0，G：255，B：0"，如图 5-48 所示。设置 Glow 特效后的效果如图 5-49 所示。

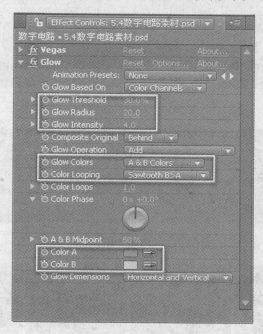

图 5-48　设置 Glow 特效

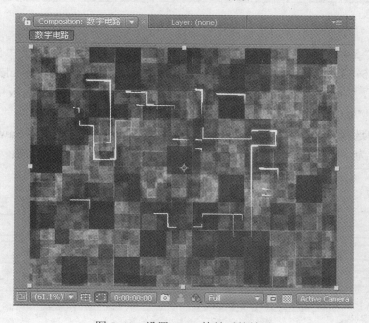

图 5-49　设置 Glow 特效后的效果

4）在"时间线"窗口中展开 Vegas 插件属性，把时间指示器拖动到 0 秒位置，打开"Rotation"前面的关键帧记录器，如图 5-50 所示；再把时间指示器拖至到最后，即"0:00:04:24"位置上，设置"Rotation"为"1x+0.0°"，如图 5-51 所示。按小键盘上的〈0〉键预览动画效果，如图 5-52 所示。

图 5-50　设置 Vegas 动画 1

图 5-51　设置 Vegas 动画 2

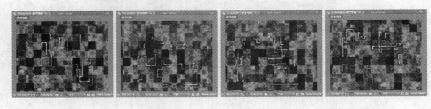

图 5-52　动画效果

5）选中"5.4 数字电路素材.psd"，按〈Ctrl+D〉组合键复制出"5.4 数字电路素材.psd"，如图 5-53 所示。展开时间线"Transform"属性，单击取消"Scale"的锁定比例并设置为"130.0，300.0%"，如图 5-54 所示。在"Effects Controls"面板中，设置"Glow Threshold"为"70.0%"，"Glow Radius"为"10.0"，"Glow Intensity"为"2.5"，在"Glow Colors"选项中选择"A&B Colors"，在"Color Looping"选项中选择"Sawtooth B>A"，设置"Color A"为"R：36，G：255，B：0"，"Color B"为"R：255，G：156，B：0"，如图 5-55 所示。

图 5-53　复制出"5.4 数字电路.psd"

图 5-54 设置 "Scale" 选项的参数

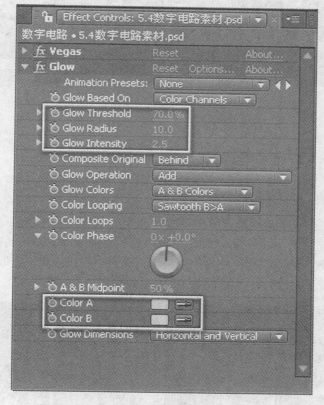

图 5-55 设置 Glow 特效

☞提示：

锁定 "Scale（比例）" 按钮，高度和宽度的比例默认是受约束的，只要设定宽度或者高度的一项数值，另一项就会按比例缩放；单击去除锁定 "比例" 按钮，就可以只调节宽度或高度的数值了。

6）执行菜单 "Composition" → "Make Movie" 命令或按〈Ctrl+M〉组合键，弹出 "Render Queue" 面板，对其中的参数进行设定，然后单击 "Render" 按钮输出动画，如图 5-56 所示。得到的最终动画效果如图 5-57 所示。

图 5-56　渲染与输出

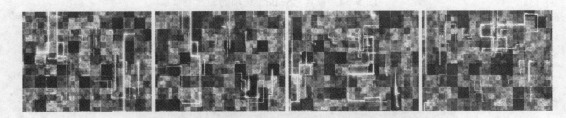

图 5-57　动画效果图

5.5　拓展训练：三维空间背景

5.5.1　技术分析

本节主要应用 Fractal Noise 特效制作绚丽的三维光线空间特效。

制作过程为：先运用 Ramp 特效制作背景，再运用 Fractal Noise 特效，制作出光线效果，运用 Glow 特效，调整颜色，然后使用摄像机调整出三维效果，复制出层再进行调整，最后完成三维空间背景的制作，动画效果如图 5-58 所示。

图 5-58　最终动画效果图

【动画文件】打开随书光盘"案例效果"→"CH05"→"5.5 拓展训练：三维空间背景.wmv"文件观看动画效果。

【工程文件】保存在随书光盘"源文件"→"CH05"→"5.5 拓展训练：三维空间背景 folder"中。

5.5.2 制作背景

1）运行 After Effects CS4 软件，执行菜单"Composition"→"New Composition"命令或按〈Ctrl+N〉组合键，弹出"新建合成"窗口，把合成命名为"三维空间"，将"Preset"选择为"PAL D1/DV"制式，"Width"设置为"720px"，"Height"设置为"576px"，"Pixel Aspect Ratio"选择为"D1/DV PAL(1.09)"，"Frame Rate"选择为"25"，"Resolution"选择为"Full"，"Duration"设置为"0:00:10:00"，如图 5-59 所示。

2）执行菜单"Layer"→"New"→"Solid"命令或按〈Ctrl+Y〉组合键，弹出"创建固态层"窗口，给固态层命名为"背景"，将"Width"设置为"720px"，"Height"设置为"576px"，"Units"选择为"pixels"，"Pixel Aspect Ratio"选择为"D1/DV PAL(1.09)"，"Color"设置为黑色，单击"OK"按钮完成固态层的创建，如图 5-60 所示。

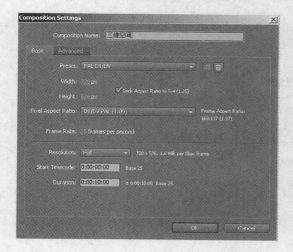

图 5-59　新建合成　　　　　　　　图 5-60　新建固态层

3）选中"背景"层的状态下，执行菜单"Effect"→"Generate"→"Ramp"命令，在"Effect Controls"面板上设置"Start Color"为"R：0，G：36，B：73"，"End of Ramp"为"−86.0，600.0"，"End Color"为"R：1，G：169，B：175"，如图 5-61 所示。

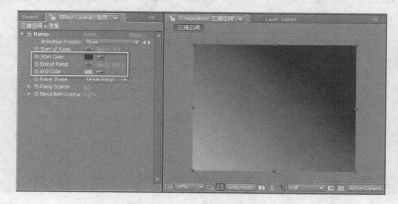

图 5-61　设置 Ramp 特效

5.5.3　流线光效

1）执行菜单"Layer"→"New"→"Solid"命令或按〈Ctrl+Y〉组合键，弹出"创建固态层"窗口，给固态层命名为"线 1"，将"Width"设置为"720px"，"Height"设置为"576px"，"Units"选择为"pixels"，"Pixel Aspect Ratio"选择为"D1/DV PAL(1.09)"，"Color"设置为黑色，单击"OK"按钮完成固态层的创建，如图 5-62 所示。

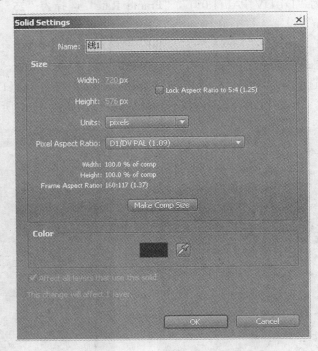

图 5-62　新建固态层

2）在"时间线"窗口上打开三维层并设置"Mode"模式为"Add"，如图 5-63 所示。执行菜单"Effect"→"Noise & Grain"→"Fractal Noise"命令，在"Effect Controls"面板中展开 Fractal Noise 特效属性，设置"Contrast"为"130.0"，"Brightness"为"–65.0"，去除"Uniform Scaling"选项的勾选，设置"Scale Width"为"6000.0"，"Scale Height"为"8.0"，如图 5-64 所示。

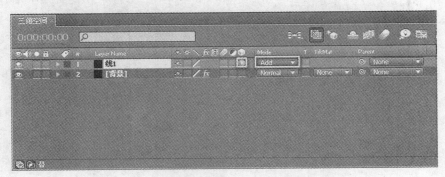

图 5-63　打开三维层并设置 Mode 模式

216

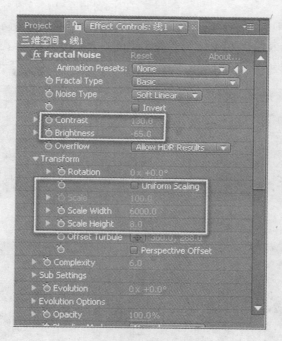

图 5-64　设置 Fractal Noise 特效

3）再执行菜单"Effects"→"Stylize"→"Glow"命令，在"Effects Controls"面板中，设置"Glow Threshold"为"20.0%"，"Glow Intensity"为"5.0"，在"Glow Colors"选项中选择"A&B Colors"，设置"Color A"为"R：130，G：0，B：166"，"Color B"为"R：180，G：98，B：0"，如图 5-65 所示。

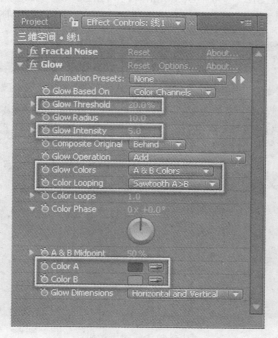

图 5-65　设置 Glow 特效

4）在"时间线"窗口中展开 Fractal Noise 插件属性，把时间指示器拖动到 0 秒位置，打开"Evolution"前面的关键帧记录器，如图 5-66 所示；再把时间指示器拖至"0:00:09:24"位置上，设置"Evolution"的值为"3x+0.0°"，如图 5-67 所示。

图 5-66　设置 Fractal Noise 动画 1

图 5-67　设置 Fractal Noise 动画 2

5）执行菜单"Layer"→"New"→"Camera Settings"命令或按〈Ctrl+Alt+Shift+C〉组合键，弹出"Camera Settings"窗口，在"Preset"选项中选择"50mm"，设置"Zoom"为"385.94mm"，"Film Size"为"36.00mm"，"Angle of View"为"39.60°"，"Focal Length"为"50.00"，单击"OK"按钮完成摄像机新建，如图 5-68 所示。

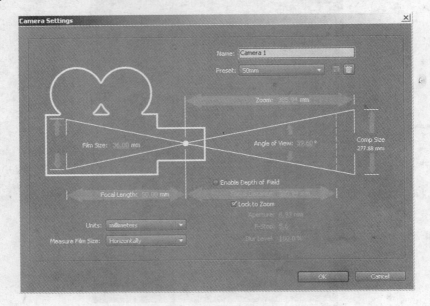

图 5-68　新建摄像机

6）在"时间线"窗口上，展开摄像机层的 Transform 属性，设置"Point of Interest"为"520.0，425.0，135.0"，"Position"为"21.0，−78.0，−465.0"，如图 5-69 所示。再展开"线 1"层的 Transform 属性，设置"Position"为"460.0，230.0，−55.0"，"X Rotation"为"0x+90°"，如图 5-70 所示。设置"Transform"参数后的效果如图 5-71 所示。

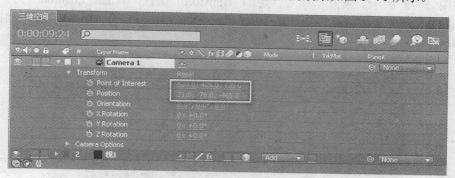

图 5-69　设置摄像机参数

图 5-70　设置 Transform 参数

图 5-71　设置 Transform 参数后的效果

5.5.4　复制光线并调整

1）按〈Ctrl+D〉组合键复制出"线2"层，如图5-72所示。在"Effects Controls"面板中，设置"Color A"为"R：255，G：246，B：0"，"Color B"为"R：0，G：96，B：255"，如图5-73所示。展开"线2"层的 Transform 属性，设置"Position"为"360.0，380.0，-38.0"，"X Rotation"为"0x+90°"，"Y Rotation"为"0x+90°"，如图5-74所示。

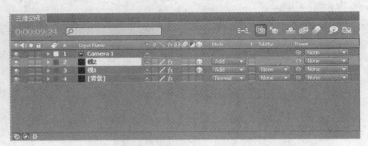

图 5-72　复制出"线2"层

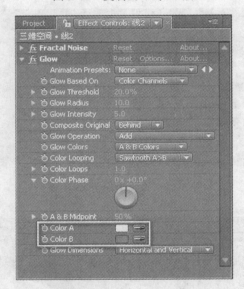

图 5-73　设置 Glow 特效

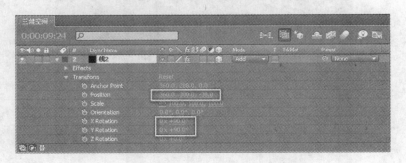

图 5-74　设置 Transform 参数

2）按〈Ctrl+D〉组合键复制出"线3"层，如图5-75所示。在"Effects Controls"面板中，设置"Color A"为"R：234，G：0，B：255"，"Color B"为"R：255，G：120，B：0"，如图5-76所示。展开"线3"层的 Transform 属性，设置"Position"为"1040.0，720.0，510.0"，"Scale"为"150.0"，"Y Rotation"为"0x+90°"，如图5-77所示。

图5-75　复制出"线3"层

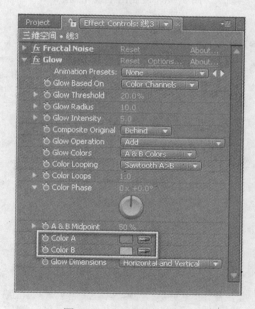

图5-76　设置 Glow 特效

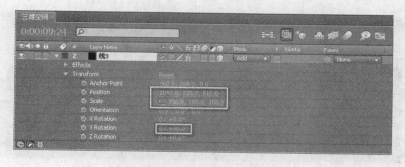

图5-77　设置 Transform 参数

3）按〈Ctrl+D〉组合键复制出"线 4"层，如图 5-78 所示。在"Effects Controls"面板中，设置"Color A"为"R：0，G：255，B：132"，"Color B"为"R：255，G：222，B：0"，如图 5-79 所示。展开"线 4"层的 Transform 属性，设置"X Rotation"为"0x+90°"，"Y Rotation"为"0x+90°"，如图 5-80 所示。

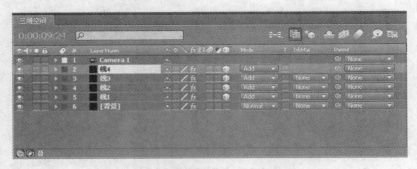

图 5-78　复制出"线 4"层

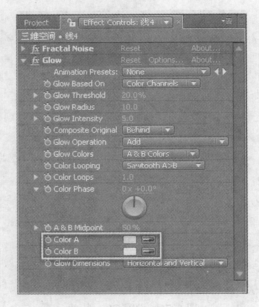

图 5-79　设置 Glow 特效

图 5-80　设置 Transform 参数

4）按〈Ctrl+D〉组合键复制出"线 5"层，如图 5-81 所示。在"Effects Controls"面板中，设置"Color A"为"R：255，G：0，B：210"，"Color B"为"R：255，G：150，B：0"，如图 5-82 所示。展开"线 5"层的 Transform 属性，设置"Position"为"270.0，330.0，135.0"，设置"Scale"为"130.0"，"Y Rotation"为"0x+90°"，如图 5-83 所示。

图 5-81　复制出"线 5"层

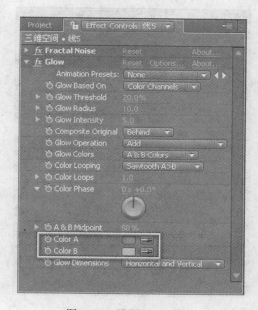

图 5-82　设置 Glow 特效

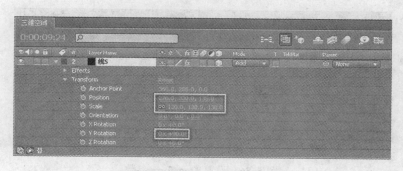

图 5-83　设置 Transform 参数

5）按〈Ctrl+D〉组合键复制出"线6"层，如图5-84所示。在"Effects Controls"面板中，设置"Color A"为"R：0，G：255，B：36"，"Color B"为"R：80，G：0，B：114"，如图5-85所示。展开"线6"层的 Transform 属性，设置"Position"为"500.0，280.0，0.0"，"Scale"为"110"，如图5-86所示。

图 5-84　复制出"线 6"层

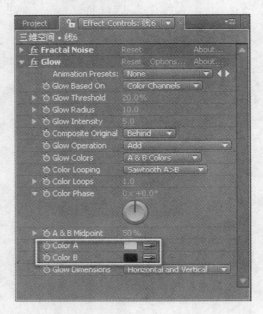

图 5-85　设置 Glow 特效

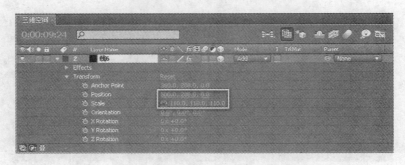

图 5-86　设置 Transform 参数

6）按〈Ctrl+D〉组合键复制出"线7"层，如图5-87所示。在"Effects Controls"面板中，设置"Color A"为"R：208，G：113，B：0"，"Color B"为"R：0，G：230，B：150"，如图5-88所示。展开"线7"层的Transform属性，设置"Position"为"500.0，420.0，0.0"，"Z Rotation"为"0x+90°"，如图5-89所示。

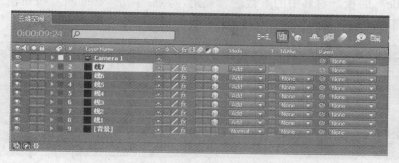

图 5-87　复制出"线7"层

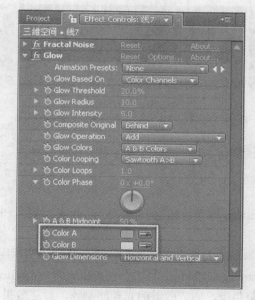

图 5-88　设置 Glow 特效

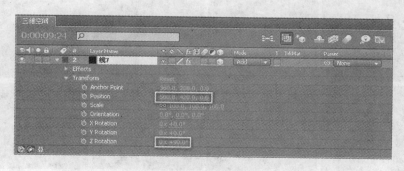

图 5-89　设置 Transform 参数

☞提示：

用户可以根据自己的喜爱调整颜色和三维空间的设置。

7）执行菜单"Composition"→"Make Movie"命令或按〈Ctrl+M〉组合键，弹出"Render Queue"面板，对其中的参数进行设定，然后单击"Render"按钮输出动画，如图5-90所示。得到的最终动画效果如图5-91所示。

图5-90 渲染输出

图5-91 动画效果

5.6 拓展训练：散射的光芒

5.6.1 技术分析

本节主要应用 Cell pattern 特效、Brightness & Contrast 特效、Fast Blur 特效与 Glow 特效，制作出"散射的光芒"效果。

制作过程为：先运用 Ramp 特效与图片素材制作出背景，再运用 Cell pattern 特效制作出方格动画效果，运用 Brightness & Contrast 特效、Fast Blur 特效与 Glow 特效进行模糊与颜色的调整，最后新建摄像机调整角度，完成散射的光芒的制作，最终效果如图5-92所示。

图5-92 最终动画效果

【动画文件】可以打开随书光盘"案例效果"→"CH05"→"5.6 拓展训练：散射的光芒.wmv"文件观看动画效果。

【工程文件】保存在随书光盘"源文件"→"CH05"→"5.6 拓展训练：散射的光芒 folder"中。

5.6.2 制作底层背景

1）运行 After Effects CS4 软件，执行菜单"Composition"→"New Composition"命令或按〈Ctrl+N〉组合键，弹出"新建合成"窗口，把合成命名为"散射的光芒"，将"Preset"选择为"PAL D1/DV"制式，"Width"设置为"720px"，"Height"设置为"576px"，"Pixel Aspect Ratio"选择为"D1/DV PAL（1.09）"，"Frame Rate"为"25"，"Resolution"选择为"Full"，"Duration"设置为"0:00:08:00"，如图 5-93 所示。

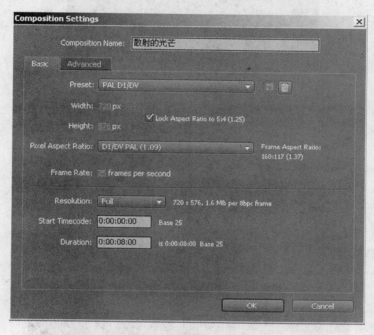

图 5-93 新建合成

2）执行菜单"Layer"→"New"→"Solid"命令或按〈Ctrl+Y〉组合键，弹出"创建固态层"窗口，给固态层命名为"背景"，将"Width"设置为"720px"，"Height"设置为"576px"，"Units"选择为"pixels"，"Pixel Aspect Ratio"选择为"D1/DV PAL（1.09）"，"Color"设置为黑色，单击"OK"按钮完成固态层的创建，如图 5-94 所示。

3）在"时间线"窗口中选中"背景"层，执行菜单"Effect"→"Generate"→"Ramp"命令，在"Effect Controls"面板上设置"Start Color"颜色为"R：93，G：0，B：0"，"End Color"颜色为"R：28，G：0，B：24"，如图 5-95 所示。

4）执行菜单"File"→"Import"→"File"命令或按〈Ctrl+I〉组合键，选择随书光盘中"案例素材"→"CH05"→"5.6 散射的光芒素材.jpg"，再把"5.6 散射的光芒素材.jpg"拖至时间线上，并设置"Mode"模式为"Color Dodge"，如图 5-96 所示。

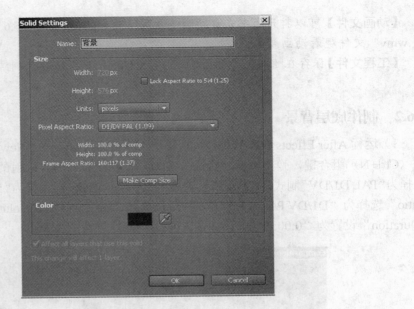

图 5-94　新建固态层

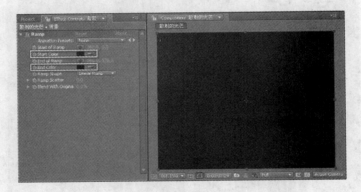

图 5-95　设置 Ramp 特效

图 5-96　导入素材并设置

5.6.3　光芒动画设置

1）执行菜单"Layer"→"New"→"Solid"命令或按〈Ctrl+Y〉组合键，弹出"SolidSetting"窗口，给固态层命名为"光芒"，其他参数与上面所创建的固态层参数相同，单击"OK"按钮完成固态层的创建，如图5-97所示。在时间线上设置"Mode"模式为"Add"并打开三维层，如图5-98所示。

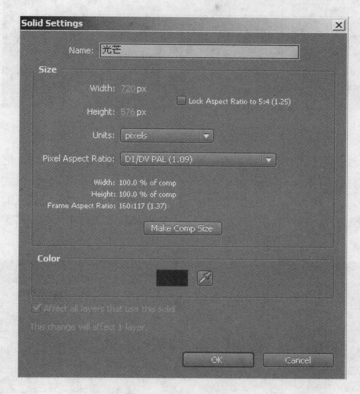

图 5-97　新建固态层

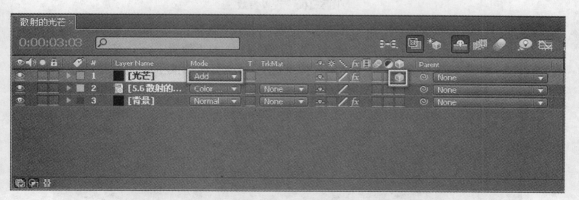

图 5-98　设置 Mode 与打开三维层

2）选中"光芒"层，执行菜单"Effects"→"Generate"→"Cell pattern"命令，在"Effect Controls"面板的"Cell Pattern"选项中选择"Plates"，设置"Disperse"为"0.00"，"Size"

为"30.0",如图 5-99 所示。

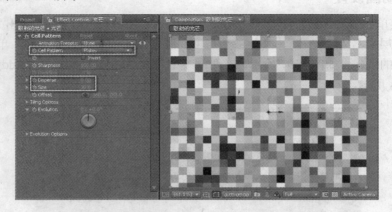

图 5-99　设置 Cell pattern 特效

3）在"时间线"窗口中展开 Cell Pattern 特效属性与 Transform 属性，把时间指示器拖动到 0 秒位置，分别打开"Evolution"与"Anchor Point"前面的关键帧记录器，设置"Position"为"360.0，296.0，207.0"，单击取消"Scale"的锁定比例并设置为"2000.0，100.0，100.0"，"Orientation"设置为"0.0°，0.0°，90.0°"，"Y Rotation"设置为"0x+75°"，如图 5-100所示。

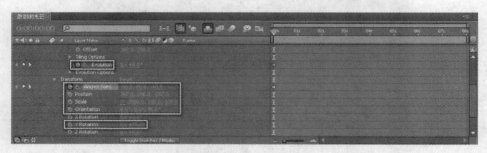

图 5-100　设置参数

4）把时间指示器拖动到"0:00:07:00"位置，设置"Anchor Point"为"670.0，320.0，-10.0"，如图 5-101 所示；把时间指示器拖至到"0:00:07:24"位置上，分别设置"Evolution"与"Anchor Point"的数值为"7x+0.0°"与"1200.0，320.0，100.0"，如图 5-102 所示。按小键盘上的〈0〉键预览动画效果，如图 5-103 所示。

图 5-101　设置动画

230

图 5-102　设置动画

  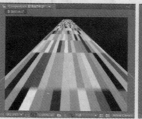 

图 5-103　动画效果

5.6.4　颜色的调整

1）在时间线上选中"光芒"层，执行菜单"Effects"→"Color Correction"→"Brightness & Contrast"命令，在"Effect Controls"面板上设置"Brightness"为"-58.0"，"Contrast"为"58.0"，如图 5-104 所示。执行菜单"Effects"→"Blur & Sharpen"→"Fast Blur"命令，设置"Blurriness"为"20.0"，如图 5-105 所示。

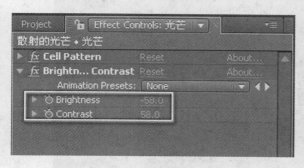 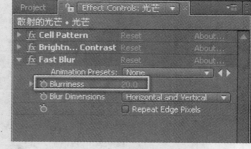

图 5-104　设置 Brightness & Contrast 特效　　　　图 5-105　设置 Fast Blur 特效

2）执行菜单"Effects"→"Stylize"→"Glow"命令，在"Effects Controls"面板中，设置"Glow Intensity"为"5.0"，在"Glow Colors"选项中选择"A&B Colors"，设置"Color A"为"R：255，G：255，B：0"，"Color B"为"R：255，G：0，B：0"，如图 5-106 所示。

3）执行菜单"Layer"→"New"→"Camera Settings"命令或按〈Ctrl+Alt+Shif+C〉组合键，将"Preset"选择为"50mm"，"Zoom"设置为"385.94mm"，"Film Size"设置为

"36.00mm"，"Angle of View"设置为"39.60°"，"Focal Length"设置为"50.00mm"，单击"OK"按钮完成摄像机新建，如图4-107所示。

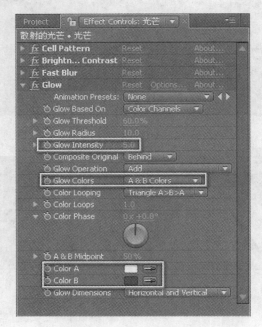

图 5-106　设置 Glow 特效

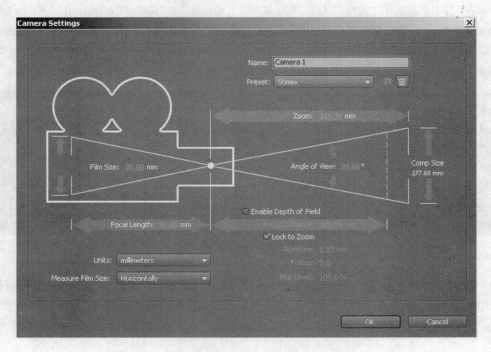

图 5-107　新建摄像机

4）在"时间线"窗口中选中"摄像机"层，展开 Transform 属性，设置"Point of Interest"

为"260.0，360.0，170.0"，"Position"为"260.0，450.0，-1200.0"，如图5-108所示。

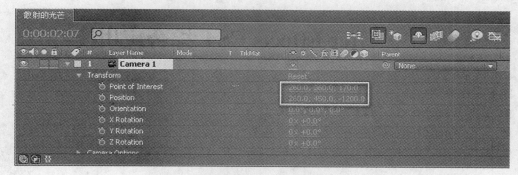

图5-108 设置摄像机参数

☞提示：

在设置摄像机时，适当调节参数，可以模拟在三维空间中的情景，使图像产生透视，某些情况下可以用二维图片做出带动作的逼真三维场景。

5）执行菜单"Composition"→"Make Movie"命令或按〈Ctrl+M〉组合键，弹出"Render Queue"面板，对其中的参数进行设定，然后单击"Render"按钮输出动画，如图5-109所示。得到的最终动画效果如图5-110所示。

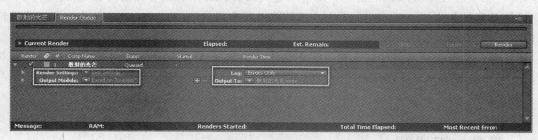

图5-109 渲染与输出

图5-110 动画效果

5.7 课后练习

题目：数码都市

规格：制式为"PAL D1/DV"，时间为8秒。

要求：以现代都市的高楼大厦作为特效文件的背景，通过插件的运用，将都市楼房的轮廓以光线的形式表现，使都市建筑变为绚丽的玄幻效果。

第6章 After Effects CS4 综合应用技巧

学习目标

- 了解 After Effects CS4 稳定与跟踪技术
- 掌握 After Effects CS4 与其他软件的交互
- 熟练利用 After Effects CS4 制作影视作品

商业影视制作一般不局限于使用何款软件，而在于最终效果是否完美。目前市场上的影视特效作品，基本都是综合利用平面软件和后期软件和三维软件，将其最优秀的功能结合在一起，打造色彩绚丽的影视特效。主流商业影视作品，很难找到没有应用计算机影视特效的了。After Effects CS4 提供了优秀的特效制作工具，同时也提供了与其他应用软件良好的交互性。本章主要学习综合应用前面章节所学的内容，结合 Adobe 系列软件，如 Photoshop、Illustrator 等及三维软件 Autodesk Maya 来制作完整影视特效作品。

【任务背景】视频的抖动会对视觉造成的混乱感，需要通过软件的处理才能正常。任务基于解决在拍摄过程中摄像机不固定等因素所造成画面抖动，来完善视频的稳定性。

【任务目标】掌握 After Effects CS4 跟踪技术、熟练 After Effects CS4 与其他主流设计软件综合应用，制作完美影视作品。

【任务分析】针对跟踪的特点进行实例制作，是掌握 After Effects CS4 跟踪技术的最有效手段。而想要灵活应用，熟练与其他设计软件的交互，制作完整影视作品，进行实例操作，亦是必经之路。

6.1 基础知识讲解

6.1.1 任务1：动画跟踪技术

运动跟踪是 After Effects CS4 关键帧辅助工具里面功能最强大的，在影视特效中应用尤其广泛。运动跟踪以第一帧所选择的跟踪区域的像素为依据，自动识别后续帧运动轨迹并记录为关键帧动画，从而产生跟踪效果。举个例子，在影视作品中经常可以看到流动光效跟随着主持人的手运动。实际拍摄时并不可能让主持人手持这种光效。这时跟踪技术就派上用场了：用跟踪技术把光效跟踪到主持人手上去，即可产生魔术般的效果。After Effects CS4 的跟踪点应该比较明显，才能方便、快捷地跟踪。所以在素材拍摄时应有意识地进行布置，如让主持人手拿一个比较明亮的物体。

1．动画位置跟踪技术

位置跟踪可以将同一个合成中的其他图层或本层中具有位置运动属性的对象连接到跟踪点上，这种跟踪技术只有一个跟踪区域。位置跟踪是属于比较简单的一种，将一个层或效果连接到跟踪点上即可。

2．动画旋转追踪技术

旋转跟踪可以将被追踪的对象以旋转方式复制到其他图层对象或本层具有旋转滤镜特效参数的对象上。旋转跟踪通常有两个跟踪区域，第一区域与第二区域之间产生的角度决定了旋转的角度，并把这个角度的参数赋予其他图层，从而让其他图层以相同的角度进行旋转。

3．动画位置和旋转跟踪

位置和旋转跟踪结合了位置与旋转的特点，具有两个跟踪区域，其中一个区域用于跟踪位置，而另一个区域则用于旋转跟踪。系统将自动计算出位置及旋转的参数，并赋予到其他图层上，自动产生关键帧，使其他图层跟着源图层进行移动及旋转。

4．动画透视边角跟踪技术

透视边角跟踪需要设定 4 个跟踪区域，同时跟踪素材上 4 个像素点的变化。After Effects CS4 将自动为应用层添加 Corner Pin 的滤镜特效，同时根据跟踪结果添加关键帧。

6.1.2 任务 2：音频技术

音频素材是一部完整影视作品中必不可少的元素之一，悠扬的背景音乐衬托出影视作品的典雅，激情的音效带来听觉的震撼。音频素材与画面效果相辅相成，整合出同时具有视觉与听觉享受的作品。

1）执行菜单"File"→"Import"→"File"命令，选择随书光盘"案例素材"→"CH06"→"音频技术.mp3"，将声音素材导入到"项目"窗口，然后将"音频技术.mp3"拖到"项目"窗口下方的"创建新合成"按钮 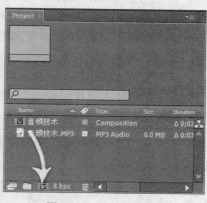 上，产生一个名为"音频技术"的合成，如图 6-1 所示。

2）展开"时间线"窗口中音频技术的属性，点击"Audio Levels"的关键帧记录器，并将值设置为"-48.00dB"，让音频素材在开始处为静音，如图 6-2 所示。

图 6-1 导入音频素材

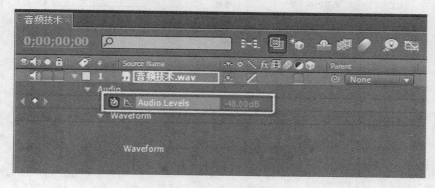

图 6-2 设置音频关键帧 1

3）将时间指示器拖到"0:00:03:00"处，将"Audio Levels"设置为"+0.00dB"，此时音频播放将会产生逐渐大声的效果，如图 6-3 所示。

☞提示：

读者可打开随书光盘"案例效果"→"CH 06"→"6.1 音频技术.mp3"听最后效果。

图 6-3　设置音频关键帧 2

6.1.3　任务 3：与 Photoshop 的结合技术

结合使用 After Effects 与 Photoshop 来制作影视作品，首先必须了解动画需要在什么设备上播放，执行标准是什么，如分辨率、帧速率、像素比，必须将 Photoshop 中的设置与 After Effects 中保持一致。下面以中国电视制式 PAL 为例，讲解如何设置 Photoshop 与 After Effects 的统一。

1）运行 Photoshop 软件，执行菜单"文件"→"新建"命令或按〈Ctrl+N〉组合键，在"预设"中选择"胶片和视频"，然后设置"大小"为"PAL D1→DV"，单击"OK"按钮，完成设置，如图 6-4 所示。

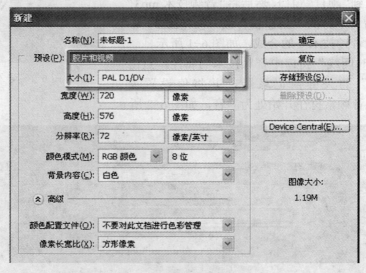

图 6-4　Photoshop 新视频

☞提示：

用户应根据作品要求，选择合适的设置，如需要在 NTSL 制式的设备中播放，则需设置为 NTSL 制式。

2）观察创建出来的文件，可以发现四周分别有二条参考线。这些参考线是视频的安全框，可以根据参考线来布置画面的版式，如图 6-5 所示。

图 6-5　Photoshop 中的安全框

3）在 Photoshop 中设置好后，再运行 After Effects CS4，设置相同的参数。执行菜单"Composition"→"New Composition"命令或按〈Ctrl+N〉组合键，打开"新建合成"窗口，设置"Preset"为"PAL D1→DV"，即可与 Photoshop 中保持一致，如图 6-6 所示。

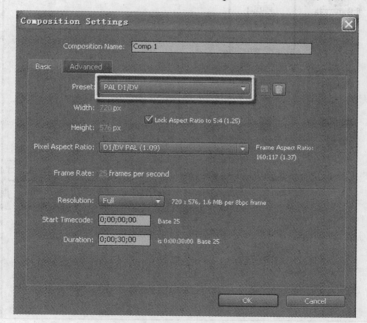

图 6-6　设置视频 PAL 制式

4）在 Photoshop 中制作的素材，为了方便在 After Effects 中使用，需要保留图层，如图 6-7 所示。

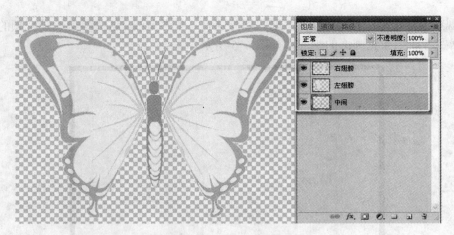

图 6-7　Photoshop 中保留图层

5）在 After Effects 中导入 PSD 文件，可以选择导入文件的图层、按文件大小设置合成图层、按图层大小来设置合成图层大小等。例如，执行菜单"File"→"Import"→"File"命令或按〈Ctrl+I〉组合键，选择 PSD 文件，如图 6-8 所示。然后单击"打开"按钮。

图 6-8　导入 PSD 素材

6）在导入 PSD 素材的设置框中，选择"Import Kind"为"Footage"，在"Layer Options"中选择"Merged Layers"，导入的素材将会在 After Effects 中合并，如图 6-9 所示。

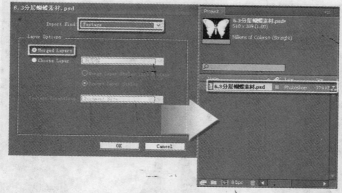

图 6-9　导入 PSD 为合并素材

7）当选择"Layer Options"为"Choose Layer"时，可以选择 PSD 源文件中的一个图层作为素材导入，导入到 After Effects 中的素材即为所选的图层，如图 6-10 所示。

图 6-10　导入 PSD 图层

8）在导入 PSD 素材的时候，选择"Import Kind"为"Composition"，然后勾选"Editable Layer Styles"，即可导入带有图层样式的素材，如图 6-11 所示。利用这种方法导入的素材，合成的尺寸与 PSD 的尺寸一致，如图 6-12 所示。

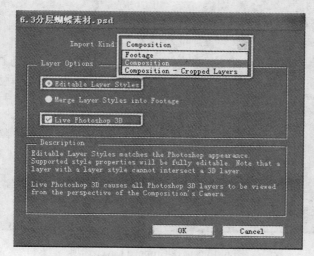

图 6-11　导入图层样式素材

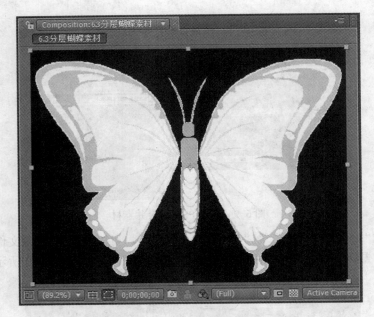

图 6-12　素材图层与 PSD 保持一致

☞提示：

　　如果选择"Merge Layer Styles into Footage"，则 PSD 文件中的图层将会被合并。

　　9）导入素材的时候，选择"Import Kind"为"Composition-Cropped Layer"的时候，导入的素材形成一个新的合成，合成中的大小即会与 PSD 中的图层大小相同，如图 6-13 和图 6-14 所示。

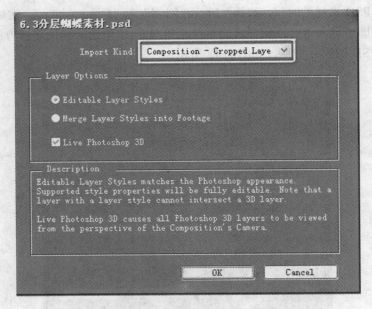

图 6-13　选择 Cropped Layer 选项

图 6-14　图层大小示意

6.2　实例应用：跟踪技术的应用——把海报贴上高层建筑

6.2.1　技术分析

本节的学习重点为 Track Motion 功能的运用技巧。

本节主要对 After Effects CS4 的跟踪功能进行讲解。通过对 Track Motion 功能的灵活运用，可以对画面进行透视跟踪，实现画面的精确合成。案例使用跟踪技术将海报贴上高层建筑。

最终实例动画效果对比图如图 6-15 所示。

图 6-15　最终效果对比图

【动画文件】可以打开随书光盘"案例效果"→"CH 06"→"6.2 实例应用：跟踪技术的应用——把海报贴上高层建筑. wmv"文件观看动画效果。

【工程文件】保存在随书光盘"源文件"→"CH 06"→"6.2 实例应用：跟踪技术的应用——把海报贴上高层建筑 folder"中。

6.2.2　导入素材

1）打开 After Effects CS4 软件，执行菜单"File"→"Import"→"File"命令或按〈Ctrl+I〉

组合键，弹出"Import File"对话框，选择随书光盘"案例素材"→"CH 06"→"6.2 序列素材"文件夹，选择其中任意一张图片，将"Import As"选项中选择为"Footage"，勾选"JPEG Sequence"选项，然后单击"打开"按钮导入序列图片，如图 6-16 所示。

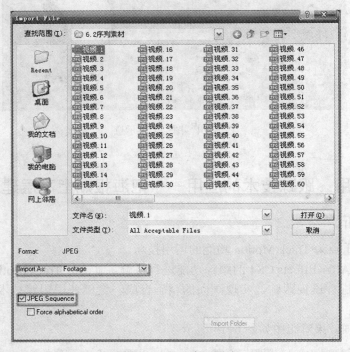

图 6-16　导入序列图片

☞提示：

　　勾选"JPEG Sequence"才可以导入序列图片，如果没勾选导入的将只是一张图片。

2）在"项目"窗口中选择序列图片，将其拖到"项目"窗口下方的"创建新合成"按钮 ⊞ 上，创建新合成，然后选中"项目"窗口中新创建的合成，按〈Enter〉键更改合成名称为"6.2 实例应用——把海报贴上高层建筑"，如图 6-17 所示。

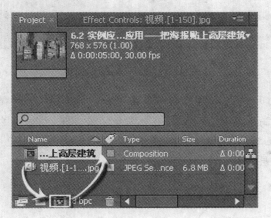

图 6-17　创建新合成

3）执行菜单"File"→"Import"→"File"命令或按〈Ctrl+I〉组合键，弹出"Import File"对话框，选择随书光盘"案例素材"→"CH 06"→"6.2 户外广告素材"，不勾选"Import File"对话框中的"JPEG Sequence"选项，然后单击"打开"按钮导入图片，如图 6-18 所示。

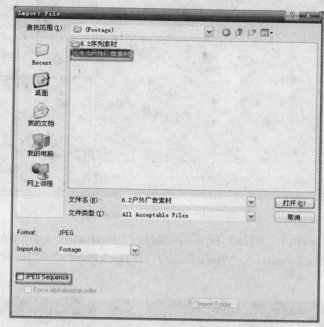

图 6-18　导入素材图片

6.2.3　设置追踪动画

1）在"项目"窗口中选择"6.2 户外广告素材"，将其拖到"时间线"窗口中，调整"6.2 户外广告素材"顺序为第一层，如图 6-19 所示。

图 6-19　调整层顺序

2）在"时间线"窗口选择序列图片层，执行菜单"Animation"→"Track Motion"命令，弹出"Tracker"面板，在"合成"窗口出现跟踪点"Track Point 1"，如图 6-20 所示。

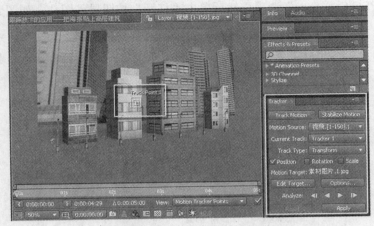

图 6-20　使用 Track Motion

3）在"Tracker"面板中，"Track Type"项选择为"Perspective corner pin"，此时"合成"窗口出现四个跟踪点"Track Point 1"、"Track Point 2"、"Track Point 3"、"Track Point 4"，如图 6-21 所示。

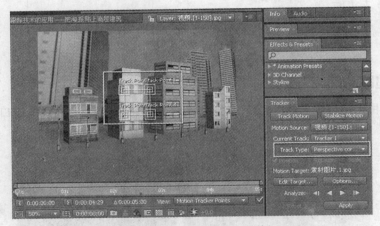

图 6-21　设置"Tracker"面板

4）在"合成"窗口中调整跟踪点的位置，调整时用鼠标单击拖动跟踪点将放大显示画面，再将所有跟踪点适当的移动到画面中高楼 4~5 层楼中各窗口的边角上，确定海报四个角位置，如图 6-22 所示。

图 6-22　调整跟踪点位置

6.2.4 调节动画

1）设置好跟踪点后，切换到"Tracker"面板，单击"播放"按钮■，系统即会自动进行计算，"时间线"窗口中序列图片层下面的每一个跟踪点都会自动生成关键帧，如图 6-23 所示。同时，在"合成"窗口中显示出跟踪点的运动轨迹，如图 6-24 所示。

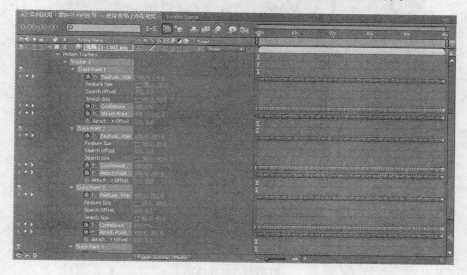

图 6-23 "时间线"窗口

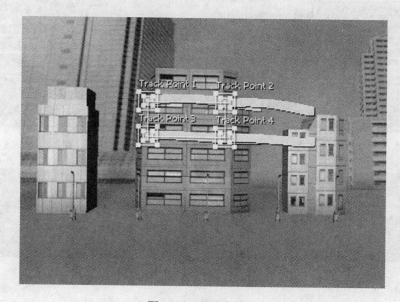

图 6-24 跟踪点轨迹

2）单击"Tracker"面板下方的"Apply"按钮，使"6.2 户外广告素材"图片匹配于高楼，如图 6-25 所示。

3）执行菜单"Composition"→"Make Movie"命令或按〈Ctrl+M〉组合键，弹出"Render Queue"面板，对其中的参数进行设定，然后单击"Render"按钮输出动画，如图 6-26 所示。

得到最终效果动画，如图 6-27 所示。

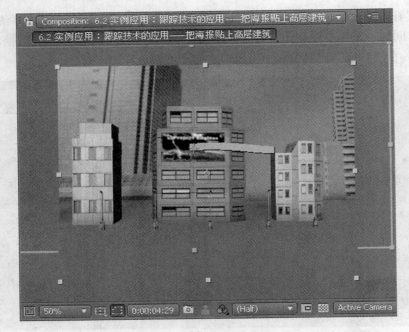

图 6-25　最终效果

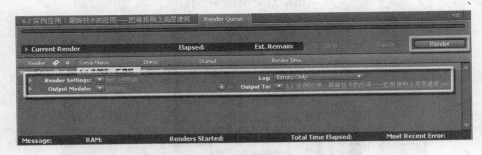

图 6-26　渲染与输出

图 6-27　最终分解动画效果

6.3　实例应用：三维空间合成——蝶恋花

6.3.1　技术分析

本节的学习重点为三维空间的合成技巧。

制作过程为：先用 Photoshop 做一张分层蝴蝶素材，设置蝴蝶翅膀振动动画，再导入背景素材，设置飞舞蝴蝶动画，最终效果动画如图 6-28 所示。

图 6-28　最终动画效果

【动画文件】可以打开随书光盘"案例效果"→"CH06"→"6.3 实例应用：三维空间合成——蝶恋花.wmv"文件观看动画效果。

【工程文件】保存在随书光盘"源文件"→"CH 06"→"6.3 实例应用：三维空间合成——蝶恋花 folder"。

6.3.2　Photoshop 制作蝴蝶素材

1）打开 Adobe Photoshop CS4 软件，执行菜单"文件"→"打开"命令或按〈Ctrl+O〉组合键，打开随书光盘中的"案例素材"→"CH06"→"6.3 蝴蝶素材.jpg"，执行菜单"选择"→"色彩范围"命令，弹出"色彩范围"对话框，选取白色部分，选出蝴蝶选区，如图 6-29 所示。

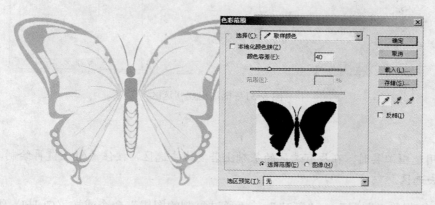

图 6-29　色彩范围

☞提示：

在选取色彩范围时，若需要选择多个颜色块，可按住〈Shift〉键进行复选。

2）执行菜单"选择"→"反向"命令或按〈Shift+Ctrl+I〉组合键"，执行菜单"图层"→"新建"→"通过复制的图层"命令或按〈Ctrl+J〉组合键，复制出"图层 1"，如图 6-30所示。

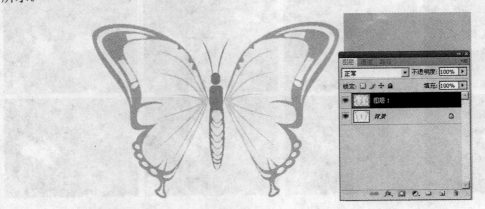

图 6-30　复制出图层

3）在"图层"面板上选中"背景"图层，按〈Delete〉键删除"背景"图层。选择工具箱中的"矩形选框"工具，框选出左翅膀选区，再使用"矩形选框"工具，按〈Alt〉键框选减去触角部分的选区，如图 6-31 所示。

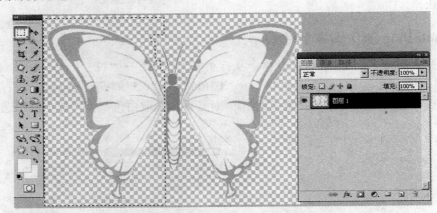

图 6-31　框选出翅膀选区

☞提示：

在使用选框工具时，在原有选区的基础上若要减去选区，按住〈Alt〉键再绘制，在原来的选区上减去选区。

4）执行菜单"图层"→"新建"→"通过复制的图层"命令或按〈Ctrl+J〉组合键，复制出图层并命名为"左翅膀"，如图 6-32 所示。

5）执行菜单"图层"→"新建"→"通过复制的图层"命令或按〈Ctrl+J〉组合键，复制出"左翅膀副本"图层，再执行菜单"编辑"→"变换"→"水平翻转"命令，如图 6-33所示。选择工具箱中的"移动"工具或按〈V〉键，移动好位置并命名为"右翅膀"，如图

6-34 所示。

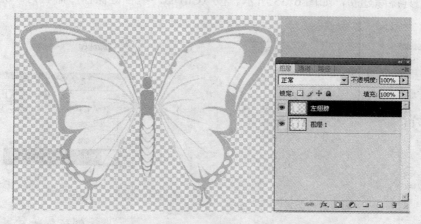

图 6-32　复制出图层并命名为"左翅膀"

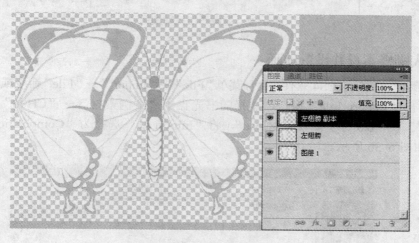

图 6-33　复制出图层并变换

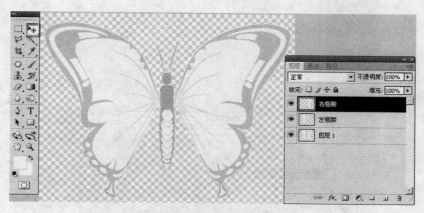

图 6-34　移动位置并命名为"右翅膀"

6）选择工具箱的"橡皮擦"工具或按〈E〉键，在"图层"面板上把"图层 1"更改图层名为"中间"，隐藏"左翅膀"和"右翅膀"图层，在选择"中间"图层的状态下，使用

"橡皮擦"工具擦除翅膀，如图 6-35 所示。按〈Ctrl+S〉组合键保存，命名为"6.3 分层蝴蝶素材.psd"。

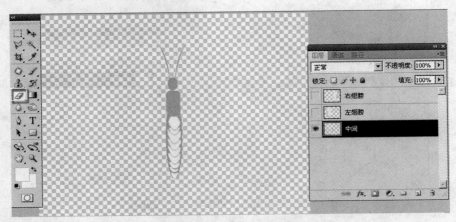

图 6-35　隐藏图层擦除图像

6.3.3　导入蝴蝶素材并设置动画

1）运行 After Effects CS4 软件，执行菜单"File"→"Import"→"File"命令或按〈Ctrl+I〉组合键，弹出"Import File"窗口，选择随书光盘中"案例素材"→"CH06"→"6.3 分层蝴蝶素材"→"6.3 分层蝴蝶素材.psd"，将"Import As"选择为"Composition- Cropped Layers"，如图 6-36 所示。

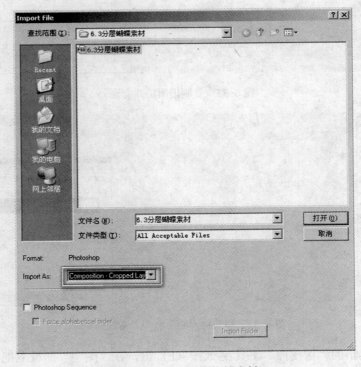

图 6-36　导入分层蝴蝶素材

☞提示:

　　选择"Composition-Cropped Layer"选项将 PS 文档以合成方式导入"项目"窗口，取每层的非透明区域作为每层的大小。

　　2）用鼠标双击"项目"窗口中的"6.3 分层蝴蝶素材"合成，即可看到 PSD 文件里的图层按顺序摆放在"时间线"窗口中，如图 6-37 所示。在"时间线"窗口中打开全部的三维层，在"Parent"面板中设置父子关系，将"左翅膀"与"右翅膀"层设为"中间"的子对象，如图 6-38 所示。

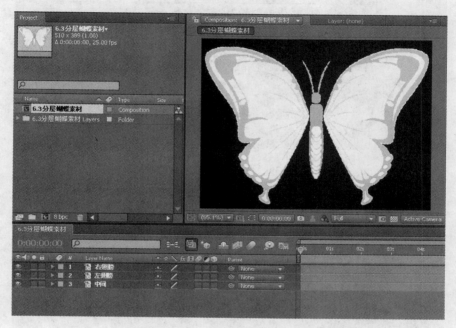

图 6-37　"6.3 分层蝴蝶素材"合成

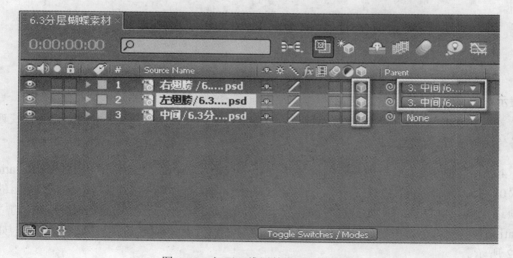

图 6-38　打开三维层并设置父子图层

3）展开"右翅膀"层的"Transform"属性，设置"Anchor Point"为"-2.0，184.0，0.0"，"Position"设置为"50.0，155.0，0.0"，如图 6-39 所示。再展开"左翅膀"层的"Transform"，设置"Anchor Point"为"233.0，184.0，0.0"，"Position"设置为"27.0，155.0，0.0"，如图 6-40 所示。

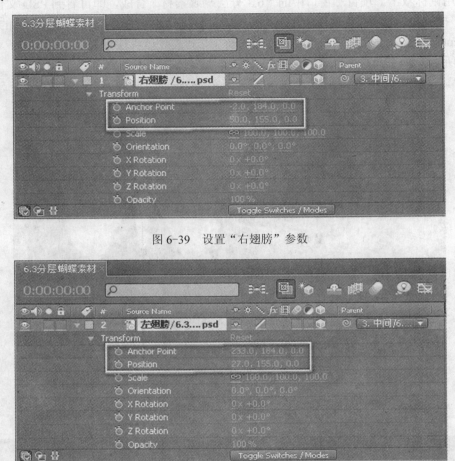

图 6-39　设置"右翅膀"参数

图 6-40　设置"左翅膀"参数

☞提示：

翅膀并没有预想的那样绕着身体振动，而是以翅膀自身的轴心开始旋转，所以要改变两个翅膀的轴心位置，设置坐标中心位置。

4）在"时间线"窗口中，分别展开 Transform 属性，设置"右翅膀"层的"Y Rotation"为"0x-75.0°"，设置"左翅膀"层的"Y Rotation"为"0x+75.0°"，并打开前面的关键帧记录器，如图 6-41 所示。时间指示器移到"0:00:00:12"设置"右翅膀"层的"Y Rotation"为"0x+75.0°"，设置"左翅膀"层的"Y Rotation"为"0x-75.0°"，如图 6-42 所示。

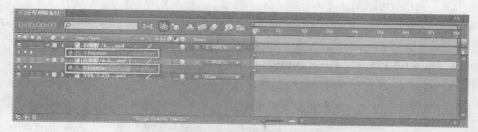

图 6-41　设置翅膀动画 1

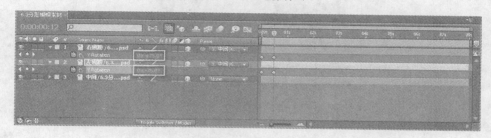

图 6-42　设置翅膀动画 2

5）选择上述设置的关键帧，按〈Ctrl+C〉组合键复制关键帧，在"时间线"窗口中拖动时间指示器，每隔 12 帧再按〈Ctrl+V〉组合键对关键帧进行粘贴，形成蝴蝶振动翅膀动画效果，如图 6-43 所示。按小键盘上的〈0〉键预览动画效果，如图 6-44 所示。

图 6-43　设置翅膀动画 3

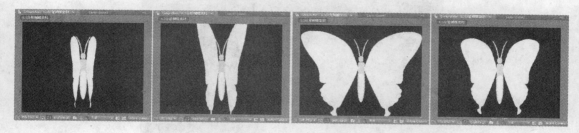

图 6-44　预览动画效果

6.3.4　导入背景素材并设置飞舞蝴蝶动画

1）执行菜单"File"→"Import"→"File"命令或按〈Ctrl+I〉组合键，选择随书光盘中"案例素材"→"CH06"→"6.3 蝶恋花背景素材.jpg"，导入素材到"项目"窗口中，如图 6-45 所示。

图 6-45　导入背景素材

2）在"项目"窗口中将"6.3 蝶恋花背景素材.jpg"拖至到"时间线"窗口，打开三维层，展开 Transform 属性，设置"Position"为"252.0，199.0，16.00"，如图 6-46 所示。调整后的效果如图 6-47 所示。

图 6-46　打开三维层并调整背景层

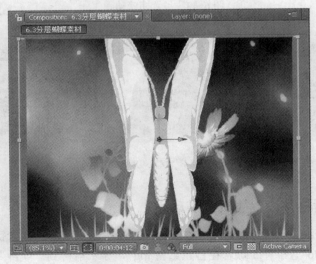

图 6-47　背景素材效果图

3）在"时间线"窗口展开"中间"层 Transform 属性，设置"Anchor Point"为"38.0，140.0，0.0"，将时间指示器移到 0 秒处，设置蝴蝶开始飞入的位置，打开"Position"前面的关键帧记录器，设置"Position"为"60.0，95.0，−25.0"，"Scale"为"20%"，"X Rotation"为"0x+123.0°"，"Y Rotation"为"0x+36.0°"，"Z Rotation"为"0x+95.0°"，如图 6-48 所示。蝴蝶飞舞动画效果如图 6-49 所示。

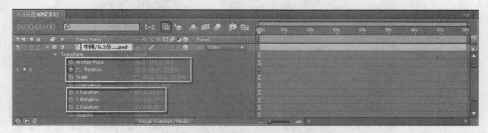

图 6-48　设置蝴蝶飞舞动画 1

图 6-49　蝴蝶飞舞动画效果图 1

4）把时间指示器移至"0:00:06:00"，即蝴蝶最终停留的位置，设置"Position"为"310.0，193.0，−250.0"，分别打开"Scale"、"X Rotation"，"Y Rotation"，"Z Rotation"前面的关键帧记录器，设置"Scale"为"24%"，"X Rotation"为"0x+138.0°"，"Y Rotation"为"0x-30.0°"，"Z Rotation"为"0x+125.0°"，如图 6-50 所示。蝴蝶飞舞动画效果如图 6-51 所示。

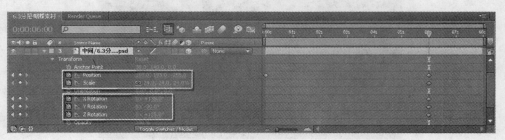

图 6-50　设置蝴蝶飞舞动画 2

图 6-51　蝴蝶飞舞动画效果图 2

5）调整设置蝴蝶飞舞的过程，设置 "Position" 为 "140.0，100.0，−225.0"，"X Rotation" 为 "0x+133.0°"，"Y Rotation" 为 "0x+36.0°"，"Z Rotation" 为 "0x+95.0°"，如图 6-52 所示。此时的合成效果如图 6-53 所示。

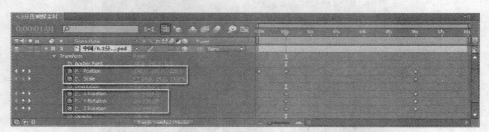

图 6-52　设置蝴蝶飞舞动画 3

图 6-53　蝴蝶飞舞动画效果图 3

6）在蝴蝶飞舞的过程中，可以根据方向、位置来设置关键帧，如图 6-54 所示。蝴蝶飞舞动画效果如图 6-58 所示。

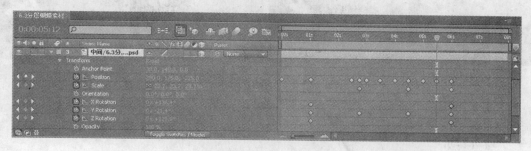

图 6-54　设置蝴蝶飞舞动画 4

图 6-55　蝴蝶飞舞动画效果图 4

7）执行菜单"Composition"→"Make Movie"命令或按〈Ctrl+M〉组合键，弹出"Render Queue"面板，对其中的参数进行设定，然后单击"Render"按钮输出动画，如图 6-56 所示。得到的最终动画效果如图 6-57 所示。

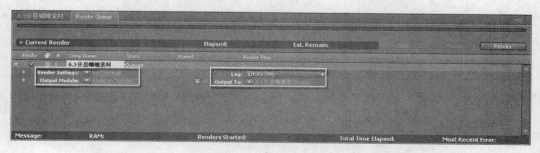

图 6-56　渲染输出

图 6-57　动画效果

6.4　课后练习

题目：《民生关注》栏目片头制作

规格：制式为"PAL D1/DV"，时间为 15 秒。

要求：

1．广东电视台 19:30 栏目，该栏目内容以体现民间疾苦为主体，关注生活在社会最低层的一群人的酸甜苦辣。

2．允许采用较多的素材，运用 After Effects CS4 中自带的插件和外挂插件结合使用，从片头体现该栏目的中心思想。